国家社科基金
GUOJIA SHEKE JIJIN HOUQI ZIZHU XIANGMU
后期资助项目

环境规制、能源生态效率
与区域生态安全问题研究

彭本红 等 著

科学出版社

北 京

内 容 简 介

本书以我国在经济发展中存在的环境污染、资源过度消耗、生态破坏等问题为研究背景，探讨环境规制、能源生态效率与区域生态安全的影响机理和对策，以期为推动我国经济增长与环境保护"双赢"提供决策依据和有益参考。本书共分为环境规制、能源生态效率与区域生态安全 3 篇。在环境规制篇，通过探索环境规制的影响因素，厘清规制主体博弈行为，挖掘规制绩效影响；在能源生态效率篇，遵循"空间关联性、收敛性再到影响机制"这一逻辑思路展开探究，为我国从区域层面转变能源利用方式提供参考依据；在区域生态安全篇，通过对区域生态安全格局演化、政策效应及影响机制进行分析，为加强环境保护、提升能源效率和维护生态安全提供有针对性的对策措施。

本书可供环境、生态、能源及区域规划领域的读者参考。

审图号：苏 S（2023）27 号

图书在版编目（CIP）数据

环境规制、能源生态效率与区域生态安全问题研究/彭本红等著. —北京：科学出版社，2024.9
国家社科基金后期资助项目
ISBN 978-7-03-077318-0

Ⅰ.①环… Ⅱ.①彭… Ⅲ.①区域生态环境–生态安全–研究–中国 Ⅳ.①X321.2

中国国家版本馆 CIP 数据核字（2023）第 255880 号

责任编辑：王腾飞 沈 旭/责任校对：郝璐璐
责任印制：张 伟/封面设计：许 瑞

科 学 出 版 社 出版
北京东黄城根北街 16 号
邮政编码：100717
http://www.sciencep.com

北京建宏印刷有限公司印刷
科学出版社发行 各地新华书店经销
*
2024 年 9 月第 一 版 开本：720×1000 1/16
2024 年 9 月第一次印刷 印张：14
字数：250 000
定价：129.00 元
（如有印装质量问题，我社负责调换）

国家社科基金后期资助项目
出版说明

后期资助项目是国家社科基金设立的一类重要项目，旨在鼓励广大社科研究者潜心治学，支持基础研究多出优秀成果。它是经过严格评审，从接近完成的科研成果中遴选立项的。为扩大后期资助项目的影响，更好地推动学术发展，促进成果转化，全国哲学社会科学工作办公室按照"统一设计、统一标识、统一版式、形成系列"的总体要求，组织出版国家社科基金后期资助项目成果。

全国哲学社会科学工作办公室

前　　言

　　21 世纪以来，全球经济快速发展，各国工业化进程不断加速，环境污染、资源浪费等问题屡见不鲜。尤其是新冠病毒疫情暴发以来，世界的经济运行受到全面冲击，正常的社会生活也受到影响，全球经济和金融形势动荡不定。中国作为最大的发展中国家，曾经粗放的经济发展方式引起环境污染、资源过度消耗、生态破坏等一系列问题，严重阻碍了我国社会经济的可持续发展。2020 年 9 月，"碳达峰"与"碳中和"（以下简称"双碳"）目标的提出对经济社会绿色转型发展提出更紧迫的要求。面对内忧外患，如何提高环境治理水平、资源利用效率及保障生态安全成为当前实现中国经济社会高质量发展的重要议题。

　　本书基于环境规制理论、能源效率理论、生态安全理论等相关理论，分别探究环境规制、能源生态效率与区域生态安全的现状与影响机理。环境规制篇主要分析环境规制的影响因素、环境规制主体博弈行为及绩效影响；能源生态效率篇探讨了能源生态效率的测度、空间关联性、收敛性及影响机制；区域生态安全篇对区域生态安全的格局演化、政策效应和影响机制进行研究。具体而言，本书共分为 12 章，主要包含以下内容。

　　第 1 章，绪论。具体包括研究背景和意义，对本书涉及的环境规制、能源效率、生态安全相关文献进行综述，并作简要评述，从总体上介绍本书研究内容和框架。

　　第 2 章，环境、能源及生态安全的基本理论。根据第 1 章提出的研究框架，对本书涉及的环境规制理论、能源效率理论、生态安全理论、复合生态系统理论进行介绍，为后续章节的研究提供理论支撑。

　　第一篇：环境规制篇。本篇由第 3～5 章构成，主要遵循环境规制"影响因素—博弈行为—绩效影响"的研究思路，重点剖析中国环境规制形势与现状的影响因素、环境规制参与主体的行为博弈及环境规制对企业绩效的作用机理，从外在现象到内在机理，循序渐进，层层展开。第 3 章，借助线性判别算法（LDA）主题模型，利用大型非结构化的文本数据库对环境规制的影响因素进行深入分析，并构建环境规制影响因素的指标体系，为后续研究环境规制背景下不同主体的行为决策因素和相互作用机制提供理论基础。第 4 章，将政府部门、公众与企业三者纳入统一研究框架，基于非合作演化博弈理论构建三方博弈模型和数值仿真分析，明晰环境规制政策实施推广的演化效应。第 5 章，以典型行业为研究对象，探讨环境规制、环境战略与企业绩效相互影响的内在作用机理，为企业调整环境战略、实现环保责任承担与经济绩效提升提供路径指导。

第二篇：能源生态效率篇。能源与环境关系密切，能源低效利用引起的环境污染问题层出不穷，能源利用问题成为关乎人类社会可持续发展的重要议题。第一篇已从环境规制角度探索提高环境治理水平的有效举措。本篇具体以能源生态效率为对象展开研究。能源效率与能源生态效率的本质都是全要素生产率，均考虑了多个投入和产出指标，但能源生态效率与能源效率相比是一个更为全面的指标，它将能源资源利用对生态环境产生的影响也考虑在内，体现了对能源利用过程中生态效益的衡量。能源生态效率也反映了经济发展模式由"资源要素推动"向"绿色发展驱动"的转变。本篇由第 6～9 章构成，遵循"能源生态效率的测度—空间关联性—收敛性—影响机制"这一逻辑思路展开。第 6 章，运用基于非期望产出的超效率 SBM 模型对江苏省地级市能源生态效率进行测度，并分析总体和区域差异。第 7 章，基于能源生态效率的测度结果，从空间维度对江苏省 13个地级市能源生态效率的空间关联展开探究。第 8 章，建立收敛模型进一步分析江苏省整体及分地区能源生态效率的收敛趋势。第 9 章，对江苏省能源生态效率进行动态测算及分解，并建立计量模型深入探究造成区域间差异的影响机制。本篇对能源生态效率的测度、空间关联性、收敛性及影响机制的探究是能源子系统提高能源利用效率、实现可持续发展不可忽视的重要问题，是实现能源-环境-生态-经济系统协调发展的重要保障。

第三篇：区域生态安全篇。经济发展过程中资源消耗严重，多以牺牲生态环境为代价。能源资源的分布不均及社会经济发展的区域性差异加重了对生态系统服务功能的消耗，给国土生态安全带来额外压力和威胁。如何利用环境规制促进生态安全提升，从而实现经济与环境协调发展显得至关重要。本篇由第 10～12 章构成，遵循"区域生态安全格局演化—政策效应—影响机制"的逻辑框架展开，由表及里，层层剖析。第 10 章，利用"压力-状态-响应"（PSR）框架建立生态安全评估体系，采用 TOPSIS 法和灰色关联分析相结合的方法计算江苏省生态安全综合指数，从时间和空间角度分析生态安全演变趋势。第 11 章，采用断点回归设计考察江苏省生态文明政策对生态安全的影响，为江苏省政府推进生态文明建设工作提供新的思路和决策依据。第 12 章，将环境规制、能源生态效率与区域生态安全纳入同一研究框架，基于 2008～2020 年江苏省地级市数据，运用固定效应探究环境规制、能源生态效率与区域生态安全间的内在关系，并采用中介效应分析检验环境规制影响生态安全的内在作用机制。

　　针对环境规制、能源生态效率与区域生态安全等方面的研究十分广泛，本书尽可能对相关问题进行全面分析，但仍只是冰山一角，难免存在许多不足之处，恳请读者批评和指正！

目　　录

第一篇　环境规制篇

第三篇　区域生态安全篇

第 1 章　绪　　论

本书从环境规制、能源效率、生态安全层面对中国经济社会发展中存在的问题展开探究，探索实现中国经济与环境协同发展的路径。本章概述研究背景及意义，同时对相关文献展开系统性分析和评述，并介绍本书的研究内容和框架。

1.1　环境、能源及生态安全的背景及意义

1.1.1　环境、能源及生态安全的研究背景

全球经济的快速发展及工业化进程的加速推进引发环境污染、资源浪费和生态破坏等一系列问题，严重阻碍了世界各国的可持续发展。中国作为全球最大的发展中国家，人口基数大、人均资源少、生态环境脆弱，导致发展中不平衡、不协调和不可持续问题突出。江苏是我国工业起步较早的省份，至今已成为全国制造强省之一，江苏的发展关系着全国工业经济的发展。但在经济高速增长的背后，江苏正承受着高环境污染、资源过度消耗及生态安全受到威胁的压力。因此，环境污染的有效治理、能源生态效率的全面提升及生态安全的价值实现成为当前亟须解决的三大重点课题，且关系到国家安全、人民福祉以及经济高质量发展的全局。

在绿色发展理念的指导下，环境治理虽然取得了一定效果，但是在环境保护、资源节约、生态安全和经济发展的多重约束下，环境污染问题仍然积重难返。耶鲁大学环境法律与政策中心、哥伦比亚大学国际地球科学信息网络中心及世界经济论坛联合发布了《2020 年全球环境绩效指数报告》（*Environmental Performance Index*, EPI）[1]。在参评的 180 个国家和地区中，中国以 37.3 分位列第 120 位，说明过去 40 年的高速经济增长给生

态环境带来了前所未有的压力。2007 年世界银行与中国国家环境保护总局联合发布了《污染的负担在中国：实物损害的经济评估》（*Cost of Pollution in China: Economic Estimates of Physical Damages*），指出每年中国因污染导致的经济损失达 1000 亿美元，占 GDP 的 5.8%[2]。就江苏省而言，2020 年工业污染治理完成投资达 531335 万元①。可见，中国环境污染问题形势十分严峻。为应对环境、能源及生态安全问题的挑战，中央政府及地方政府颁布了一系列环境规制政策，既有行政命令手段，又有经济激励措施。在环保投入与日俱增的情况下，迫切需要重新审视环境规制影响因素、行为主体博弈及环境规制的影响后果。

现阶段能源资源的过度消耗和发展不平衡问题也不容忽视。国际能源署数据②预测，2021 年，随着煤炭、石油和天然气需求激增以及经济回暖，全球与能源相关的二氧化碳排放量较前一年增加超过 15 亿 t，增幅为 4.8%，接近 2018～2019 年的峰值。环境规制作为一种政府强制力，能够影响社会能源消费行为。中国作为能源消费和碳排放第一大国，在能源技术进步的推动和政策的引导下，能源结构调整已取得初步进展，但仍然面临一系列发展难题和潜在风险。长期以来，粗放式的发展方式导致能源短缺与低效使用，能源使用过程中排放的大量废弃物不仅严重破坏了环境系统，而且给人体健康带来了极大隐患，严重阻碍我国可持续发展。各个地区经济发展水平、产业结构、消费水平等因素的差异导致在能源生态效率水平方面存在较大差距，加强了地区间能源生态效率的空间异质性，使其发展趋势也各不相同，最终导致能源生态效率的提升成为一大难题。

此外，生态安全问题也严重阻碍着全球可持续发展。随着人口增长和城市扩张，城市面临的生态环境压力也越来越大。长期以来，中国粗放式的发展方式导致生态资源的开采和利用过度，污染物的排放超出生态环境的承载能力，引发森林资源破坏、生物物种减少、生态用地减少、水质下降等一系列生态问题，严重威胁地区生态安全。污染防治是改善环境质量，维护环境生态安全的重要方式之一。习近平总书记指出："我们既要绿水青山，也要金山银山。宁要绿水青山，不要金山银山，而且绿水青山就是金山银山。""两山"理念是习近平生态文明思想的重要组成部分。"两山"理念坚持以绿色发展为导向，推动形成节能低碳和循环发展的产业结构。江

---

① 国家统计局 https://data.stats.gov.cn/easyquery.htm?cn=C01。

② https://www.iea.org/reports/global-energy-review-2021?language=zh。

苏地处长江三角洲，经济水平高，是长江三角洲地区的一个富裕省份。由
于城镇化、城市化的快速发展，江苏省内经济集聚和城镇化程度较高，造
成内部资源的高强度开发和生态环境的破坏。全球气候变暖、人均耕地面
积占有量少等进一步加剧了生态环境的脆弱性，使得江苏省内生态安全受
到威胁，严重影响江苏省经济社会的高质量发展。

　　经济高质量发展是综合考虑经济效益、环境效益与生态效益的结果。
在高质量发展阶段，如果只关注提高环境规制的实施效果，而忽视了能源
生态效率和区域生态安全的改善，不仅背离了经济高质量发展的目标，而
且给环境规制的实施效果带来巨大挑战；如果只关注提高能源生态效率和
改善区域生态安全，而忽视环境规制的作用，将导致能源生态效率和区域
生态安全无法得到有效提升，降低经济发展质量。在此背景下，我国在发
展经济的同时，需要兼顾环境的有效治理、能源的高效利用与对生态的充
分保护。因此，迫切需要重新审视环境规制、能源生态效率与区域生态安
全形势。那么我国的环境规制、能源生态效率与区域生态安全发展现状如
何？环境规制是否推动了能源生态效率和区域生态安全的提升？其效果是
否受到政策执行情况的影响？如何缓解我国经济发展与环境规制、能源生
态效率、区域生态安全方面的矛盾？科学回答上述问题是推动中国经济和
环境协调发展的关键。本书以典型生态文明建设省份——江苏省为例，从
环境规制、能源生态效率、区域生态安全展开探究，为解决上述问题提供
有益的参考。

1.1.2　环境、能源及生态安全的研究意义

1. 理论意义

　　第一，完善了环境规制、能源生态效率与区域生态安全研究的理论体
系。环境规制、能源生态效率与区域生态安全的内涵本身是一个不断发展
的过程，必须以动态的眼光进行认识，把握其发展大势，明确改进的方向。
以往采用定性方法对环境规制影响因素进行分析较为主观，本书采用文本
挖掘精确识别环境规制影响因素，使得分析更加综合科学。以往能源效率
研究以基于环境因素的能源效率研究为主题，本书将考虑环境效益的能源
效率与生态效率概念相融合，提出能源生态效率，是对能源效率理论体系
的补充与完善。此外，通过生态文明政策评估生态安全效应，在此基础上
探究生态安全政策的影响因素，寻求提升生态安全水平的途径，具有重要
的理论意义。

第二，丰富了环境规制、能源生态效率与区域生态安全评价方法体系。本书在学习、参考大量现有研究成果的基础上，从江苏省的实际发展情况着手，对江苏省环境规制、能源生态效率和区域生态安全进行了界定，将相关理论、生态安全分析方法和数理统计方法进行有机结合，修正其在生态偏向性、研究项目片面性、研究方法与实证检验结果偏离等方面的问题。通过构建与江苏省省情相匹配的评价指标，实现对江苏省环境规制、能源生态效率和区域生态安全状况更为客观的评价，帮助决策者制定可持续发展方向的战略决策。正如能源生态效率成为相较于能源效率更优的测度指标一样，能源的使用应当遵循绿色发展理念，既追求"绿色"，也追求"发展"。从社会学的角度讲，既要注重生态效益，也要注重经济效益。

2. 现实意义

第一，本书以典型生态文明建设省份——江苏省为例，分别对环境规制、能源生态效率与区域生态安全现状进行阶段性梳理。目前，对江苏省生态文明建设实践的梳理相对丰富，但研究资料较为碎片化。在实际调研中，发现江苏省生态发展的实际数据分散在不同主管部门，学界尚未对其发展的历史脉络开展全面梳理，相关研究所需的实证资料缺乏系统性。本书对江苏省的环境规制、能源生态效率与区域生态安全的发展现状进行系统性梳理，有助于进一步总结此类地区在生态安全建设中存在的经验与问题，为理论研究找寻现实依据，同时也为相关研究的深入开展提供可参考的资料。

第二，本书将环境规制、能源生态效率与区域生态安全纳入一个分析框架进行研究，探寻不同变量间的内在影响机理。目前，学界有少部分文献是对环境规制、能源生态效率与区域生态安全其中一种进行的单一性研究，对环境规制、能源生态效率与区域生态安全之间作用机制的反映不够充分。本书将这三类具有关联的变量纳入一个研究框架，旨在勾勒环境规制、能源生态效率与区域生态安全体系之间的关系，分析不同变量间的影响过程，以综合反映环境规制与能源生态效率在促进区域生态安全发展中的作用，服务于生态安全提升这一现实需求。

1.2 环境、能源及生态安全的国内外研究现状

1.2.1 环境规制研究

1. 环境规制影响因素

环境规制是指政府通过政策工具对污染环境的相关活动进行调节，以实现环境保护[3]。根据不同环境规制工具的作用对象、发生条件及监管目标等异质性，环境规制可以分为命令控制型环境规制、市场激励型环境规制和公众参与型环境规制[4]。关于环境规制影响因素，国内外学者主要围绕经济发展水平、市场化程度、对外开放程度及受教育程度等方面进行研究。国家层面，Grossman 和 Krueger[5]认为在高收入和低收入水平下，经济发展水平和环境污染程度有显著差异，发达国家的经济发展水平和环境污染程度成反比，发展中国家则成正比。如今，环境规制相关研究大多基于 Grossman 的观点展开。研究表明，人均生产总值、产业结构、贸易开放度和人口增长是影响环境规制的主要因素[6]。王泽宇和程帆[7]综合运用核密度、标准差椭圆及广义矩估计模型探究中国海洋环境规制时空演变特征及影响因素，发现海洋环境规制重心位置变化阶段性特征显著，对外开放、产业结构、科技投入与中国海洋环境规制呈正相关关系，经济发展、市场环境与中国海洋环境规制呈负相关关系。Managi 和 Kaneko[8]探讨了市场经济发展水平对我国环境规制的影响，结果表明，市场经济水平的提高显著抑制了环境规制的提升。部分学者采用三方演化博弈模型，对中央政府、地方政府和企业的演化稳定策略进行了理论分析，发现中央政府规制对实现环境规制政策目标至关重要[9]。区域层面，董会忠和韩沅刚[10]以长江经济带三大城市群为例，运用面板 Tobit 模型分析环境规制影响因素作用机理，发现长江经济带城市群环境规制受多重因素影响，不同因素对各个城市群的作用不同。徐成龙等[11]对山东省环境规制效率及影响因素进行探究，得出了类似的结论，即经济发展水平和外资利用水平与环境规制效率显著正相关；而环境保护力度和工业化水平与环境规制效率显著负相关。蒋雪梅和周恩波[12]的研究显示，财政分权对于强化地方政府创新职能和环境规制具有重要意义。van den Bergh[13]系统结合社会经济和心理因素考察环境保护对家庭环境行为的影响。根据评估结果，社会-经济家庭变量影响居民能源消费决策。与上述研究不同，部分研究从第三方主体的角度肯定了公众的重要作用。研究发现，当地公众的信访行为可显著提升地方政府对企业的环境规制强度[14,15]。少部分学者对产业层面进行了研究[16]。例如，

姜雯昱[17]利用超效率 SBM-GML 指数对电力行业环境效率进行测算，发现能源结构、技术进步水平和地区经济水平对电力行业环境效率具有显著的正向作用；张子龙等[18]利用面板数据估计模型，得出工业环境效率的空间差异随时间推移呈现逐渐缩小的趋势。城市规模、经济水平、财政能力和工业外向度对环境效率的提升具有促进作用，而工业增长能力则相反。环境规制受到不同层面多种因素的共同影响，但目前较多研究仅从单一的角度展开分析。

2. 环境规制主体博弈

Krugman 主张研究社会问题时应从国家、经济、社会公众三方面进行系统分析，即同时考虑政府、企业和公众三个主体[19]。因此，在研究环境规制问题时，多数学者将政府、企业和公众三个主体同时纳入研究框架中，探究三者间的互动机制[20,21]。政府主要通过环境规制对企业行为进行约束。一方面，公众以投诉参与行为驱动企业实现环境合规，从而对企业的行为产生直接约束；另一方面，通过公众投诉拓宽了政府获取相关信息的渠道，影响政府环境规制强度，从而间接影响企业生产行为[22]。这种互动博弈的特征使得博弈方法被广泛应用于环境规制问题研究中。张士云等[23]实证分析了环境规制对生猪生产布局和规模化养殖的影响以及地区间策略性互动行为，提出本地环境规制提升了出栏量"距离"接近地区生猪出栏量，抑制了地理与经济距离相近省份的生猪出栏量。环境规制的实施过程实质是一个策略性竞争过程。学者通过构建一个由代工厂、外企品牌商和属地政府三方组成的演化博弈模型，发现区域政府的精准奖惩措施不但对减排引导效率更高，而且范围也更大[24]。Sun 和 Feng[25]认为，中央政府监管对地方政府和企业战略选择有影响，中央政府激励程度越大，地方政府和地方企业选择环境友好型战略的可能性越大。部分研究得出相同的结论，均肯定了中央政府规制的重要作用[26]。Duan 等[27]构建了两个基于系统动力学的演化博弈模型，发现与单一战略相比，政策战略的组合可以更好地促进环境规制模式实现"理想状态"。宋民雪等[28]构建了周边群众与重化工企业自发演化博弈和政府规制下受控演化博弈模型，论述了政府如何解决高质量发展与稳增长、保就业的两难选择。此外，有学者考虑了银行与企业的博弈模型，当不同技术水平之间的价格差距增大时，企业倾向于持续投入绿色研发，同时也会抑制企业的技术引进行为[29]。叶莉和房颖[30]的研究显示，政府环境规制对企业环境治理有显著正向影响，对银行利率定价有显著负向影响，企业环境治理会显著降低银行利率定价。有文献通过探索银行放松管制背景下银行业结构对企业层面污染排放的影响，研究显示，更多的银行竞争可以减少单位产值的污染排放[31]。除三方主体外，也有研究将博弈主体拓展到四方。刘朝和赵志华[32]构建了包含第三方监管主体、企业、中央政府和地方政府的四方环境规制博弈理论模型，发现第三方监管能够显著降低地方政府和企业合谋的倾向，并提高二者的环境保护努力水平。潘峰等[33]将"中央政府-地方政府-企业-公众"置于统一框架下，从而找到我国环境治理中各利益相关主体的策略均衡稳定点。类似地，杨志[34]构建了相邻两地、中央政府和社会公众的四方演化博弈模型，探讨了多元主体的决策响应逻辑与策略均衡最优方程式，发现只有当严重超标惩罚、达标奖励和吹哨奖励大于限制阈值时，才能促成相邻地区达标排放、中央实施补偿机制、公众吹哨的最优策略集合。可见，各方主体的最优行为策略选择随主体数量及实施条件的不同而改变。

3. 环境规制影响效应

关于环境规制影响效应的研究，学术界尚未形成一致意见。目前主要形成了三类代表性观点，即传统假说、波特假说与不确定性假说。传统假说认为，环境规制和企业经营呈相互制约的关系，此消彼长。环境规制政策的实施会增加企业生产成本，导致企业绩效下降[35]，即环境规制效应符合"遵循成本说"。这一观点最初由新古典经济学家提出，认为环境规制迫使企业必须为污染治理投入资金、设备、人工费用等资源，这些资源所消耗的成本将作为生产成本计入产品成本，从而在企业技术条件保持不变的情况下必定导致企业绩效的下降[36]。基于此，学者们从不同角度对传统假说开展了大量实证研究。Coria 和 Jaraite-Kažukauske[37]在针对瑞典企业的调查中发现，二氧化碳排放规制不会对企业的生产性行为和经济利润造成显著影响。葛静芳等[38]通过构建成本最小化理论模型，从要素配置和技术创新两方面阐述环境规制对利润率的影响，发现企业未进行技术创新时，正式环境规制与利润率呈负相关关系。但传统假说在 1991 年后受到波特假说的极大挑战。波特假说由 Porter[39]提出，波特认为合适的环境规制能促使企业开展更多探索式的创新活动，而这些创新活动与行为可以提高企业经营生产效率，为企业带来"创新优势"和"先动优势"，进而抵消由于执行环境规制而导致的成本增加，增强企业的竞争能力与盈利能力。之后，诸多学者对波特假说进行了检验。波特假说支持观学者认为，从长远来看，企业倾向于改进生产技术、提高技术创新以应对环境规制[40]。Song 等[41]基于 2009～2016 年中国 30 个省级面板数据，分析了不同环境规制类型对企业技术创新的驱动作用。不同的是，抑制观学者认为，强市场激励型环境规制对高技术创新绩效的产生有主导作用，而强命令控制型环境规制则具有一定的抑制作用[42]。类似地，张国兴等[43]的研究表明，不同环境规制方式的影响效果不同，命令控制型环境规制具有抑制技术创新的滞后作用，市场激励型环境规制能够在较长一段时间内激励企业的技术创新行为，公众参与型环境规制只在短期内对企业技术创新有小幅激励作用。此外，学术界还存在另一种代表性观点——不确定性假说。不确定性假说强调，环境规制与企业绩效间的关系受诸多不确定性因素的影响，呈非线性关系。例如，相关研究显示，环境规制与能源环境绩效之间存在"U"形关系。低环境规制强度抑制了能源环境绩效的改善，但随着环境规制强度的增加，它有助于提高能源环境绩效[44]。从短期来看，环境规制对中国工业部门的研究和创新能力具有"抵消效应"。然而，随着环境规制的深入，它迫使行业通过提高技术创新能力来降低污染控制成本，从而产生"补偿效应"[45]。国内部分学者也证实了环境规制与企业技术创新之间呈现"U"形曲线关系[46]。毛建辉和苏冬蔚[47]研究发现，环境规制超过一定的"度"才能促进区域技术创新。在较低的环境规制水平下，企业倾向于向低环境规制地区转移，从而增加了成本，减少了创新投入[48]。因此，关于环境规制的影响效应仍未得到一致结论，仍需考虑研究对象、实际环境及各国国情等不确定性因素。

1.2.2　能源生态效率研究

1. 能源生态效率测度评价

世界能源委员会于 1995 年将能源效率定义为提供相同的能源服务所节约的能源投入。随后，Patterson[49]将能源效率定义为用较少的能源投入生产相同数量的服务或产出。生态效率反映了经济、社会、自然三重系统的综合效率，强调生态环境保护与经济增长之间的协调发展。作为在能源方面的拓展延伸，能源生态效率同样备受关注。目前关于能源生态效率的研究大多直接从能源消耗视角出发，能源生态效率测度主要采用生命周期评价（life cycle assessment, LCA）法[50]、投入产出（input-output, I-O）分析法[51]和经济投入产出生命周期评价（economic input-output life cycle assessment, EIO-LCA）法[52]。投入产出模型分为单区域投入产出模型、双边贸易投入产出模型及多区域投入产出模型[53]。国家和省级层面，Zhang 等[54]基于超效率 SBM（super-efficient slacks-based measure）模型测算了拉丁美洲国家的可再生能源效率,并利用 Malmquist-Luenberger(ML)指数测度了效率收敛,结果显示,拉美和加勒比地区可再生能源全要素效率呈上升趋势,对于单个国家,可再生能源的开发和利用不平衡。Dong 等[55]采用超效率 SBM 模型对提出碳中和目标的 32 个发达国家进行碳排放效率测度,为优化能源转型路径提供有效参考。孟凡生和邹韵[56]将改进的随机前沿分析(stochastic frontier analysis,SFA)模型运用于我国能源生态效率的评价,同时引入速度激励函数对能源生态效率展开动态评价,最终得到我国能源生态效率处于中等发展水平的研究结果。闫明喆等[57]运用 SFA-Bayes 分析框架测算了中国各省生态全要素能源效率,探讨了节能政策的有效性。王腾等[58]提出,同时考虑环境非期望产出和社会福利的能源生态效率均低于能源经济效率和能源环境效率。产业层面,Wang 等[59]对煤炭开采和利用的能源效率进行评估,发现能源总效率从 2010 年的 33.11%提高到 2014 年的 37.69%。Lin 和 Wang[60]以中国钢铁行业为研究对象,运用 SFA 对能源效率进行研究,结果显示能源效率呈现升高趋势。易其国等[52]基于 EIO-LCA 模型测算了我国产业部门隐含能源消耗,得到我国产业部门隐含能源消耗呈现先增长后下降的变化趋势。王锋和高长海[61]通过构建跨区域投入产出模型,发现中国产业部门的隐含能源强度普遍高于世界平均水平。胡剑波和许帅[62]利用三阶段数据包络分析(data envelopment analysis,DEA)和 Malmquist 指数对我国产业部门环境效率及环境全要素生产率进行测度,结果表明,剔除外部环境因素后的中国产业部门环境效率有所上升,但其潜在提升空间仍然较大。Shao 等[63]的研究表明,2007~2015 年中国工业生态效率得到显著提高。其中,废气处理过程表现最好,其次是废水处理和生产过程。基于传统非期望产出 DEA 模型,Zhang 和 Liu[64]提出了一种新的考虑非期望产出的超数据包络分析和基于松弛度的测度效率模型,通过证实该方法的有效性,提出了关于如何提高中国行业生态效率的政策启示。

2. 能源生态效率时空特征

多数学者基于能源生态效率测度评价对能源生态效率的时空特征进行分析。时序分析多采用趋势图、数据表对结果进行展示,空间方面多采用全局莫兰 I 数、雷达图和空间模型等研究空间相关性及空间分布情况。已有文献主要从国家和省级层面展开。国家层面,相关研究显示,中国能源效率在空间变动形式上呈现较大差异,由高到低依次为东部沿海地区、东北地区、中部地区、西部地区[65]。能源生态效率是一个综合能源利用产生的生态效益和经济效益的概念，是衡量能源-环境-经济系统效率的指标。研究结果表明，中国各省份能源生态效率存在显著的空间效应。对于给定区域的能源生态效率，来自相邻区域的空间溢出超过了相邻区域误差的影响[66]。周敏等[67]研究显示，中国中西部地区能源生态效率水平较东部地区差，其中中部地区呈现持续恶化趋势。赵艳敏和董会忠[68]采用探索性空间数据分析和空间计量模型考察工业能源生态效率空间相关性特征，结果表明，2007～2013 年为平稳期，效率值始终在 0.4 附近波动，2014～2018 年为显著增长期，且增幅逐渐扩大。此外，通过分析中国八大综合经济区能源生态效率演变趋势，发现全国能源生态效率均值整体水平偏低，且呈现显著的空间非均衡分布特征[69]。省级层面，夏四友等[70]对陕西省各地级市能源效率进行时空格局演化研究，发现陕西各地级市能源效率存在显著的空间异质性。此外，基于空间效应，Zhang 等[71]进一步评估了中国区域能源效率的收敛性，中国区域能源效率不仅呈现绝对 β 收敛，而且呈现条件 β 收敛。Zhu 等[72]指出北京市能源代谢系统总体稳定性逐年提高，但仍有进一步改善的空间，其中电力、热力和水供应部门消耗的能源最多。关伟等[73]选取核密度估计方法等分析能源综合效率的时空演变特征，发现黄河流域西部省份能源综合效率相对较低，中部省份能源综合效率受多重因素影响而上下波动，东部的山东省能源综合效率优势显著。类似地，Wang 等[74]对黄河流域进行了研究，发现能源生态效率表现出显著的空间聚集性，西部地区如吴忠和中卫最低，中部地区如鄂尔多斯和榆林最高。Peng 等[75]探索了江苏省能源生态效率的空间相关性网络，发现江苏省能源生态效率存在空间异质性，南部与中部和北部的差距正在扩大。少部分学者具体到了行业层面，如 Wang 等[74]建立了一个基于中国人民银行能源消耗的能源管理绩效评估系统，各分支机构绩效受周边分支机构的影响，具有高集聚度的分支机构主要位于中国西北部和东北部，据此提出了事业单位能源管理绩效的建议。Zhao 和 Lin[76]对中国纺织业的传统能源效率进行测度，发现东部地区的能源效率普遍高于中西部地区。王向前等[77]通过测算我国采矿业的能源生态效率，得出采矿业整体能源生态效率水平偏低，矿业投入的冗余率较高。

3. 能源生态效率影响因素

诸多学者对影响能源生态效率的因素进行了研究，但现有文献对能源生态效率的影响因素分析结果迥异，主要由于指标选取与采用方法不同。对已有文献进行归纳可以看出，主要是围绕产业结构、能源消费结构、科技发展水平等几方面展开。国家区域层面，Aldieri 等[78]的研究表明，环境创新带来的知识溢出降低了能源效率低下，经济合作与发展组织国家会随着时间的推移提高其能源效率得分，而非经济合作与发展组织国家则不变。Li 等[79]研究了城市化对能源效率的总体影响，发现中国城市化对能源效率的总体影响是负面的。Qi 等[80]通过研究"一带一路"共建国家的全要素能源效率，验证了各个国家的收敛趋势，同时也发现创新能力和研发能力是减缓收敛趋势的重要因素。能源生态效率的研究是在能源效率与生态效率研究的基础上发展而来的。相关研究指出，就长期而言，地区经济水平和政府投入对能源生态效率的影响起正向推动作用，而城镇化进程对能源生态效率的促进作用不太显著，需要加快新型城镇化建设[81]。类似地，孟凡生和邹韵[82]的研究显示，城市化水平、经济开放程度、人口规模和研发投入等与能源生态效率存在正相关关系。董会忠和赵艳敏[83]研究认为，技术创新、外商投资、交通基础设施对黄河中下游地区能源生态效率有明显促进作用。宋马林等[84]通过面板向量自回归（PVAR）模型实证研究了区域产业升级、政府创新支持和能源生态效率之间的动态关系及影响机制，表明区域产业升级和政府创新支持对能源生态效率的提升有重要影响。行业层面，Tobit 模型在能源效率影响因素的分析中应用较为广泛。李根等[85]采用 Tobit 模型对全国及东、中、西地区制造业能源生态效率的影响因素进行了实证分析，其中，经济发展水平对全国及东、中、西部制造业能源生态效率的影响最为显著，研发投入、能源消费结构等因素对全国及东、中、西部制造业能源生态效率的影响程度均不相同。Yu 等[86]基于国家和省级层面评估了中国制浆造纸行业的生态效率，认为严格的环境规制可以提高造纸行业的生态效率。李尧尧[87]运用 Tobit 回归分析了油气资源型企业能源生态效率的影响因素，发现经济发展水平、企业规模和科技创新水平与能源生态效率正相关，能源消耗程度与能源生态效率负相关。郭文和孙涛[88]认为高效率行业的生态全要素能源效率的显著影响因素为控股类型和资本深化；低效率行业的显著影响因素为企业规模和行业竞争。总体而言，现有研究对能源效率影响因素的探讨主要集中在地理层面，行业层面的研究较少。

1.2.3 区域生态安全研究

1. 区域生态安全评价体系

随着自然社会环境和生态失调，人与自然可持续发展成为维系人类生存发展的重要前提，生态安全概念逐渐进入大众视野。区域生态安全是指一个国家、地区或人类社会维持生存和发展所需的环境不受或少受破坏与威胁的状态[89]。诸多学者对区域生态安全提出自己的见解。目前对评估区域生态安全的指标划分有不同的意见，尚没有统一的划分标准。区域生态安全评价是区域生态安全研究的核心，评价方法包括指标赋权和评价模型两方面，指标赋权包括层次分析法、熵权法、灰色关联度等；评价模型包括"压力-状态-响应"（pressure-state-response, PSR）及其扩展模型、景观与景观生态模型和地理信息系统（geographical information system, GIS）模型模拟等，为区域生态安全研究提供了量化技术手段。其中，PSR模型由世界银行、联合国开发计划署与经济合作与发展组织提出并发展，因其体现了人类活动与自然的关系，所以目前仍然被广泛应用。Li 等[90]从供水安全、社会安全、经济安全和生态安全等角度建立水资源安全评价指标体系，结合网络分析法（analytic network process, ANP）和灰色关联分析（grey relation analysis, GRA）发现贵州水资源属于相对安全状态。Lee 和 Qian[91]使用 2003～2020 年的中国省级数据，建立了一个基于压力-状态-响应（PSR）模型的指数系统，并通过熵权法评估耕地的生态安全。基于可再生生态足迹评估区域生态安全，区域生态安全包括健康和风险两个方面。Bi 等[92]基于能值-生态足迹从生态健康和生态风险两方面评估2000年和2015年粤港澳大湾区生态安全状况，生态安全状况已从相对不安全和弱不可持续转变为不安全和强不可持续。Liu 等[93]基于改进的生态足迹模型，从可再生资源和社会经济两个维度构建超大城市生态安全框架，并从多个维度提出了政策建议。Mohamed 等[94]基于遥感和 GIS 技术分析了苏丹中部生态安全区的退化问题。王梓洋等[95]从环境基底和人类干扰的视角遴选评价因子，采用空间主成分分析法基于栅格尺度对生态安全进行评价，精准地实现了生态修复分区。张中浩等[96]基于 PSR 模型，从社会、经济、环境三个维度出发，自上而下构建包含系统层、子系统层、准则层和指标层共 4 个层次的长三角城市群生态安全评价指标体系，分析各城市生态安全空间格局。罗海平等[97]基于 PSR 模型建立农业生态安全评价指标体系，运用熵权法、综合指数法、泰尔指数对粮食主产区的农业生态安全进行评价，发现粮食主产区农业生态安全水平呈显著上升态势。刘艳芳等[98]以福建省为研究区，运用 PSR 模型构建县级尺度指标体系评价耕地生态安全水平。可见，上述区域生态安全评价多是从静态视角展开，缺乏多个时段的动态变化过程。

2. 区域生态安全时空演化

区域生态安全已被各国政府提升到国家战略高度，是构建国土空间安全的重要一环。保障区域生态安全需依托科学合理的城市生态安全格局。现有文献从全球、跨国、国家、区域和城市等空间尺度对林地、草地、耕地、水域和城市建设用地的生态安全时空演化展开研究。从自然角度来看，林金煌等[99]认为生态系统面积基本保持稳定，各生态系统类型相互转移强度小。黄苍平等[100]以土地、植被覆盖、地形坡度等为基础判断生态质量稳定性，显示厦门市同安区遥感生态指数于 2006～2015 年出现先上升后略微下降的变化。唐晓岚等[101]通过对雨洪安全、生物保护、文化遗产保护和地质灾害 4 个方面安全格局的分析识别，完成了风景区综合生态安全格局的构建。从社会经济角度来看，王子琳等[102]从生态系统服务价值、生态敏感性、景观连通性及生态需求方面识别武汉市陆地和水域生态源地，发现武汉市生态安全格局呈现"三横、三纵、三团簇"特征。Yang 等[103]根据生态系统服务的重要性和生态系统敏感性优化了生态空间格局。Li 等[104]基于 PSR 模型，在 2005 年、2010 年和 2015 年对珠三角城市群生态安全进行评估，发现 2005～2015 年其生态安全水平从 75.39%降至 66.67%。黄烈佳和杨鹏[105]认为，2006～2016 年长江经济带土地生态安全水平呈现增长趋势，土地生态安全状况逐渐改善；空间上，土地生态安全水平从东向西逐渐递减，但其空间差异正逐步缩小。Zhao 和 Guo[106]对大别山革命老区旅游生态安全进行了评价，发现整个地区目前正处于旅游生态安全从低水平到高水平的关键过渡期。Yang 等[107]利用 ArcGIS 软件分析城市旅游生态安全的空间分布模式，并利用标准差椭圆方法分析区域城市生态安全的时空演化轨迹，为旅游目的地规划提供了重要参考。Wen 等[108]指出，1997～2016年黄土高原三级和四级生态安全区比例显著提高，整个延安地区生态安全状况总体良好。此外，部分学者对生态安全预警进行了探讨。谭术魁等[109]指出，2006～2017 年中国耕地生态安全值总体呈上升趋势但增幅不高，预警等级由中警转为轻警，警情空间格局整体上呈现出北部省份警情级别较南部省份高的分布格局。柯小玲等[110]通过构建生态安全预警指标体系，运用系统动力学理论建立城市生态安全系统仿真模型，旨在揭示长江经济带生态安全变化特征，为生态安全预警提供理论依据。Gladfelter[111]通过构建尼泊尔社区预警系统，强调社区复原力的重要性。Xie 等[112]预测到 2030年，江西省鄱阳湖区域生态安全将受到 35%新增建设用地和 80%补充耕地的威胁。Lu 等[113]使用系统动力学模型分析了 2009～2015 年北京森林生态安全预警指数时空差异，并预测了未来 15 年森林生态安全演变趋势。

3. 区域生态安全影响因素

目前，诸多学者主要对区域生态安全变化的驱动因素进行了研究。归纳起来，主要包括气候变化、地形演化、植被覆盖、自然灾害等自然因素和城市化、产业结构状况、科学技术水平等社会经济因素两方面。现有研究对影响因素进行分析的常用方法有以下几种：一是因子分析法。郑岚等[114]运用因子分析法对嘉峪关市土地生态安全影响因素进行探讨，整合得到的主导影响因素有资源环境本底、产业结构演替、环境污染治理和生态建设成效。刘志有等[115]以塔城市为研究区，基于生态文明视角从自然、经济和社会三方面构建土地生态安全影响因素，揭示了 2009～2014 年塔城市绿洲土地生态安全影响主要因素。汤傅佳等[116]通过信息熵权探寻生态安全变化的影响因素，发现旅游业发展因子、人口因子和引起环境变化的政策响应因子是决定天目湖生态安全的关键性因子。二是地理探测器模型。张利等[117]结合 GIS 和预警方法评估曹妃甸土地生态安全，表明城市建设用地的快速扩张是区域土地生态安全恶化的关键因素。Kang 等[118]利用地理信息系统评估生态脆弱性的地理空间和时间特征，发现社会经济因素是生态脆弱性的重要驱动力，其次是环境地形因素。Nguyen 等[119]研究发现，重度和极重度脆弱地区主要出现在社会经济活动迅速发展的地区。施馨雨等[120]通过识别影响云南省景观生态安全的驱动因子，发现其主要受到人口密度、年平均温度和海拔的影响。三是障碍度模型。王立业等[121]研究表明，二三产业从业人员比重、二三产业产值比重、农村居民人均可支配收入、耕地平均海拔和复种指数是影响耕地生态安全的主要障碍因子。Fan 和 Fang[122]检验了影响青海省生态安全的障碍因素，主要因素集中在响应层，最后转移到压力层。Ou 等[123]认为，水资源、经济和社会发展是云南生态安全的主要障碍因素。Yu 等[124]指出，制约中国大多数省份森林生态安全水平的主要障碍是森林状态指标或投入响应指标，其次是压力指标。四是案例分析。Xiao 等[125]以佛山为例，分析了城乡非建设用地变化对生态安全的影响，主要表现在对生态系统生态因素及生态系统服务功能的影响。Wu 等[126]研究了昆明市的生态安全演化过程，可为区域可持续发展提供全面、有针对性的支持。高阳等[127]选取江西省万年县为研究对象，使用电路理论判定生态廊道，并识别了生态修复关键点。五是系统集成方法。Jiao 等[128]运用系统动力学模型、灰色预测模型和马尔可夫模型模拟了土地利用及土地覆盖变化，表明社会和经济因素对土地覆盖过程变化有很大影响。Li 等[129]

使用 BP-DEMALTE 模型分析了各指标的作用和强度，表明生态系统服务总价值是珠三角城市生态安全的根本影响指标。可见，人口、土地、经济增长速度与方式、政府相关政策及人类社会响应等是影响城市生态安全状况的主要因素。

1.2.4 文献述评

（1）环境规制研究中，已有研究为进一步考察环境规制效应的研究提供了有益的启示，但是仍存在以下三个方面的局限性：首先，现有文献多运用定性方法或者计量软件分析环境规制与某一变量的相关性，存在一定的主观性，而利用文本挖掘方法进行研究的文献较少。因此，本章在现有学者的研究基础上，基于文本挖掘方法对环境规制相关研究进行分析。文本挖掘方法是利用计算机处理技术从文本中提取有用信息，包括分词技术、词频分析、聚类分析等，处理结果具有全面性和客观性，进一步提高了研究可信性。其次，国内外学者对环境治理中各行为主体的互动关系进行了深入研究，并且研究焦点多集中在央地两级政府、企业中的两方或三方博弈。随着公众对环境质量的关注度日益提高，公众在环境治理方面所起的作用越来越重要。本书在已有研究基础上，构建"政府-企业-公众"三方演化博弈模型，分析不同情形下的演化稳定策略，并利用数值仿真模拟各参数变化对博弈系统的影响，以期为我国提高环境污染治理效果提供理论依据和政策参考。最后，现有研究关于环境规制对企业绩效的影响仍未达成一致，传统假说、波特假说和不确定性假说均要在一定条件下才得以验证。多数文献侧重关注单一环境规制影响，无论是命令控制型环境规制还是市场激励型环境规制，影响效应的差异仍未得到有效研究。因此，本书基于调研数据，综合考察命令控制型和市场激励型两类异质性环境规制对企业绩效的差异化作用。同时，采用结构方程模型探究造成异质性环境规制效应差异的深层次原因。

（2）能源生态效率研究中，已有研究注意到能源生态效率测度、时空演化及影响因素，为接下来的研究奠定了一定基础，但是仍然存在改进的空间。第一，已有研究采用不同测度方法，从不同研究视角对能源生态效率进行了评价，但在测度结果上存在明显差异。随机前沿分析方法因存在内生性、误差项分布选择主观性、参数估计要求大样本和不满足单调性假设等问题受到批评。基于相邻或序列参比的 DEA 方法由于采用不同的生产技术前沿，测度结果往往不具有跨期可比性和循环性。因此，参考已有文献，确定要素投入、期望产出和非期望产出，在此基础上构建包含非期望产出的超效率 SBM 模型，能更加准确地测度能源生态效率。第二，现有研究虽然已考虑能源产出过程中对生态环境的影响，从能源生态效率等角度展开分析，但是，同时兼顾时间和空间双重视角对能源生态效率时空分布特征和演化趋势展开的研究较少，因而难以真正反映能源生态效率地区性差异的长期演变趋势，理论和实证研究相对匮乏。据此，本书在空间维度上，将空间演绎与收敛性分析相结合，运用空间收敛方法，分析江苏能源生态效率的空间层面分布及整体发展趋势；在时间维度上，分析多时段内能源生态效率的动态演化情况，以期真实反映出江苏能源生态效率的发展状况。第三，学者们对我国能源生态效率影响因素指标的选取较为单一，很少有学者对影响能源生态效率的综合影响因素进行分析。此外，大多数学者采用静态方法评估能源生态效率，缺乏动态的测量方法。因此，本书将采用 Malmquist-Luenberger 指数对能源生态效率进行动态测算，并结合计量模型深入探究其影响机制，从而为江苏能源生态效率寻求具体的提升路径。

（3）生态安全研究中，已有研究对生态安全评价体系、时空特征和影响因素进行了分析，为深入开展生态安全研究提供了一定的理论基础，但是此类研究仍然存在局限性，主要表现在以下两方面：第一，随着人们生态安全意识的提高，生态安全评估越来越受学者的关注。但当前对生态安全的研究多为静态研究，对城市尺度较长时间序列上生态安全的内部空间发展研究有待加强。针对上述问题，本书以江苏省为例，借鉴"压力-状态-响应（PSR）"框架，综合考虑自然、环境、经济、社会等多个方面，构建区域生态安全评价指标体系，尽早关注城市生态安全时空演变，识别区域生态安全主要问题，厘清区域生态安全问题产生原因，以期为区域生态安全评价研究提供参考和借鉴。第二，多数学者从自然和社会层面分析了生态安全的驱动因素，忽视了国家政策对生态安全的影响。随着国内对环境问题的关注度不断提高，近年来国家及各个省份颁布了一系列生态文明建设制度。但是生态文明建设政策是否对生态安全产生影响仍有待进一步验证。政策效应计量分析的主要方法有双重差分法和断点回归，但使用双重差分法研究该问题可能存在某些不可直接观测的变量同时作用于政策和生态安全，导致遗漏变量。为进一步缓解内生性问题，本书利用断点回归设计估计生态文明政策对生态安全的影响，这一方法在断点处可视为局部随机试验，可以避免选择偏差问题。

（4）从现有研究进展来看，已有研究分别采用不同的视角和方法对环境规制、能源生态效率和区域生态安全进行分析，为本书深入开展研究提供了重要的参考价值。部分学者对环境规制、能源生态效率和生态安全分别展开深入研究，但没有将三者置于同一个研究体系内进行系统研究的范例，即现有文献没有同时考虑环境规制、能源生态效率和生态安全的内在影响机制。尤其对环境规制、能源生态效率在生态安全提升中的机理研究还较为缺乏，环境规制与能源生态效率对生态安全的作用关系也不甚明确，需要进一步阐释。此外，既有研究鲜有考虑模型设定和遗漏变量等可能造成的内生性问题对实证结果产生的偏误影响。据此，本书将借鉴前人的研究成果，结合江苏地区在环境规制、能源生态效率提升和区域生态安全方面的实践行为，运用固定效应模型、中介效应模型研究环境规制、能源生态效率与区域生态安全之间的内在影响机制，并探究能源生态效率的调节作用。

1.3 环境、能源及生态安全的研究内容及框架

环境污染是制约我国经济社会可持续发展的重要因素。但随着法律法规逐步健全、环境标准逐渐提高、政策执行力度愈加严格，我国工业要想实现可持续发展，必然需要主动适应经济新常态，从单纯追求经济高速增长，转变为经济、社会、自然协调发展，而提升能源生态效率和加强区域生态安全正是实现节能减排和工业可持续发展的关键所在。因此，本书从环境规制、能源生态效率、区域生态安全三个方面展开探究，借鉴环境规制理论、能源效率理论、生态安全理论、复合生态系统理论等方面的前沿成果和方法，为推动我国经济社会的高质量发展提供有效参考。本书共分为三篇 12 章，技术路线如图 1-1 所示。

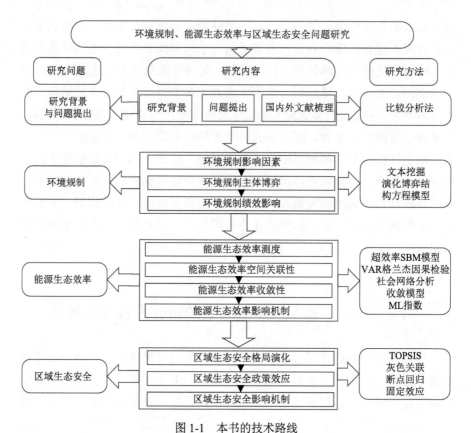

图 1-1　本书的技术路线

VAR: vector autoregression，指向量自回归

第2章 环境、能源及生态安全的基本理论

本章旨在对书中所涉及的主要理论进行概述，为书中其余章节提供理论基础。其中，环境规制篇主要基于环境规制理论，能源生态效率篇基于能源效率理论，区域生态安全篇以生态安全理论及复合生态系统理论为基础展开。

2.1 环境规制理论

规制是学术界对英文文献中"regulation"或"regulatory constraint"的翻译，本意指政府通过运用制度、法律、规章及相关政策对某种行为加以制约和限制。根据规制的实施主体，可以分为自我规制和政府规制，而后者根据规制客体的不同又可以分为经济规制和社会规制两种[130]。经济规制主要针对企业经济行为进行规制；社会规制涵盖范围较广，主要包括对环境污染物排放、产品服务水平及社会收入分配等方面的规制。其中，规制的经济理论由施蒂格勒（Stigler）[131]在《经济规制论》一书中首次提出，认为规制是国家为产业获得利益所设计的法规。规制后来经 Peltzman[132]和 Becker[133]等学者进一步完善和发展，构建了施蒂格勒模型、佩尔兹曼模型和贝克尔模型，用于解释政府的规制行为。经 Peltzman[132]进一步引入消费者利益集团，认为政府会通过规制在不同利益集团间寻求平衡点以获取政治支持的最大化。Becker[133]则重点分析了消费者、生产者和政府等利益集团间博弈的结果，指出有利于增加福利的规制政策更容易获得通过。上述规制经济理论均为环境规制理论分析奠定了基础。

环境规制概念最早由庇古（Pigou）[134]在《福利经济学》中提出，该书指出经济个体为获得经济利益而选择牺牲社会利益，这一过程以环境为媒介。因而政府需要通过税收补贴方式进行干预，从而弥补边际个体收益

和边际社会收益间的差异,这一最早出现的环境规制手段被称为"庇古税"。Coase[135]反驳了"庇古税",认为在交易成本为零的假设前提下,如果政府能够制定实施合理的政策方针,降低市场运作成本,那么个体间进行资源交易的效率才会提升,从而解决个体与社会间收益差异这一根源问题。但是这种零交易成本的假设在现实中并不合理。尽管上述两种观点在理论假设与社会实践方面都存在缺陷,但仍为环境规制提供了重要理论基础。环境规制作为政府干预经济的一种方式,是有关环境保护的政府规制,具体手段包括对污染企业实施禁令、非市场转让性许可证制等。随着社会经济的高速发展,环境税、可交易碳排放许可证、生态标签、自愿协议及环境认证等规制手段相继出现,是环境规制概念的外延。环境规制属于一种社会性规制,环境污染具有负外部性,环境资源具有公共品属性,导致厂商的生产成本和社会成本具有较大差异。为此,政府必须采取措施进行调节,使得厂商、消费者等主体在决策时考虑外部成本,以及各主体行为达到社会最优,从而实现经济和环境协调发展。

环境规制的内涵随着研究的深入而不断扩展。目前环境规制的内涵主要有五个方面的内容:一是主体。环境规制的主体不再只是政府,不论是企业还是非政府组织,甚至社会公众都可以成为环境规制的主体。二是对象。环境规制的对象不再拘泥于生产部门,任何带来环境破坏的经济活动都是可供规制的对象。三是目标。环境规制主要以保护环境和增进社会福利为基本目标。四是性质。环境规制属于经济性规制和社会性规制的结合,从以环境保护为主的社会性扩展到以实现资源配置改善为目的的经济性。五是手段。强制规制只是执行的手段之一,可以通过不同的手段对经济行为进行约束。目前主要包括命令控制型、市场激励型和公众参与型环境规制。综上所述,本书对环境规制的概念界定为:以环境保护或环境资源优化配置为目的,由环境规制主体通过采取一定的手段或措施,约束可能产生生态环境破坏或污染的经济行为。

2.2　能源效率理论

能源作为人类生存发展不可或缺的物质基础,在使用过程中会产生工业废气、废水、固体废弃物污染等一系列问题,给人类生存与发展带来巨大威胁。因此,提高能源效率成为当前日益关注的重要话题。世界能源委员会在1995年提出了能源效率的一般性概念,其定义为提供相同的能源服务所节约的能源投入，数学公式表达为能源效率等于生产过程的有用产出与生产过程的能源消耗之比。Bosseboeuf 等[136]在经济和技术两个方面延伸了能源效率的内涵。其中，经济能源效率指以较少的能耗获得更多的经济利润；技术能源效率指因技术水平的提高而降低单位能耗。根据物理学的观点，能源效率是指有用的能源消耗与实际能源消耗的比率。从消费角度看，能源效率是指为终端用户提供的服务占能源消费总量的比例。亚太能源研究中心[137]指出，能源效率指标的基本任务是后果评估、目标评价和在同等群体中的相对形式评估。能源效率是一个相对的概念，在理论与实践中没有统一的衡量标准，而是通过一系列指标量化度量。

　　能源生态效率由能源效率概念发展演变而来。人类社会在不断向前推进的生产过程中，不可避免地产生废水、废气等非期望产出，因而在探索提升能源利用效率的同时更应将生态效益考虑在内，能源生态效率由此产生。能源生态效率追求在能源使用量不变的前提下实现较高的经济效益及较高的生态效益，或者在保持现有的经济效益及生态效益不变的前提下降低能源的使用量。从内涵上来看，能源生态效率与能源效率较为相似，都体现了能源消耗量对促进经济、社会与环境系统可持续发展的作用。然而，目前对于能源生态效率还缺乏一个权威标准，现有研究主要基于指标选取，通过评价方法进行量化。不同的指标、不同的评价方法、指标权重的设置等最终都会影响评价结果。在考虑生态环境因素的能源效率评价中，绝大多数是基于全要素生产率理论，将一些环境污染折合成一个综合指数作为非期望产出来对能源利用效率进行衡量。全要素生产率的测算方法主要有参数方法和非参数方法，在参数方法中最早的定量模型是索洛模型，它把全要素生产率看成是生产率减去劳动生产率和资本生产率的值。本书舍弃了传统的参数方法，选择非参数方法进行衡量。数据包络分析（DEA）法是当前最主要的非参数方法且应用最为广泛。它使用数学规划模型来评价多投入、多产出决策单元的相对有效性，实质上是判断决策单元是否处在生产前沿面上。同时，运用这种方法可以不用设置具体的函数形式，并且能有效处理多投入、多产出情况下的效率问题，应用范围较广。本书将能源生态效率定义为综合考虑能源-经济-生态系统影响的全要素能源效率。与能源效率相比，能源生态效率更加注重能源利用过程中产生的生态环境方面的效益。

2.3　生态安全理论

生态安全理论的提出反映了人们对环境、生态、经济和社会协调发展的关注和诉求，也是对可持续发展的进一步理解。自 20 世纪 70 年代，美国学者莱斯特·R. 布朗[138]首次在《建设一个持续发展的社会》中引出环境安全名词，成为生态安全的雏形，直到 21 世纪，生态安全才逐渐进入大众的视野。1989 年，国际应用系统分析研究所（IIASA）[139]提出生态安全理念，标志着生态安全理论的正式出现。1991 年，《美国国家安全战略报告》[140]进一步提出将生态环境安全纳入国家安全的范畴。以上缔约建立在环境安全、可持续发展和责任的基础之上，要求各成员国和各团体组织相互协调利益、履行责任和义务，加强国际合作。至此，生态安全开始得到国际社会的认可。2000 年，我国国务院发布《全国生态环境保护纲要》，生态安全正式进入我国学者研究范畴，也逐渐纳入国家安全战略中。事实上，古人老子提出的"天人合一、道法自然"属于我国最早的生态思想。其含义就是实现人与自然的和谐共处。

生态安全的概念有广义和狭义两种理解[139]。广义的生态安全是指人的生活、健康、安乐、基本权利、生活保障来源、必要资源、社会秩序和人类适应环境变化的能力方面不受威胁的状态，主要包括自然生态安全、经济生态安全和社会生态安全。狭义的生态安全是指自然和半自然生态系统的安全，即生态系统完整性和健康状况的整体表现。生态系统健康通常是指功能正常的生态系统，具有稳定和可持续的特征，以及自愈能力。反之，不健康的生态系统在受到强烈的外部刺激下，无法维持系统自身结构和功能的稳定性，生态系统处于不安全状态。

综合分析众多学者对生态安全的理解，生态安全是对各个系统可持续发展的延续，是为了促进生态与经济、社会的协调发展。生态安全涉及多个复杂系统，具有丰富的内涵。首先，生态安全是人类与生态共同存续的基本状态，人类的生存需要可持续生态系统的维持，可持续生态安全也需要人类合理地生存和发展来维护；其次，生态系统与人类经济、社会系统相互依存，相互制约，共同存系，和谐共生。当然，生态安全是一个长期存在、动态变化的过程，社会经济与生态安全之间是长期循环推进的关系；最后，生态安全既包括时间层面也包括空间层面，涉及宏观、中观和微观层面，全方面处理好时间与空间层面的关系，才能达到理想的生态安全状态。从生态安全研究内容上看，以土地、湿地、生态屏障、水足迹及生态承载力为研究主体；从研究角度上看，包括生态安全脆弱性识别、生态安全评价和生态风险评价、格局演化、生态安全预警、防治对策研究；从研究尺度上看，包括局域、区域、景观、国家、全球生态安全。

2.4　复合生态系统理论

自然-经济-社会复合生态系统的概念，最早由我国著名生态学家马世骏院士于 1984 年提出[141]。复合生态系统由自然、经济、社会三个系统组成，如图 2-1 所示。各系统的可持续发展均受到其他系统约束，不能当作一个简单的系统对待，同时可从三个方面衡量该复合系统：合理的自然系统、产生收益的经济系统、有效益的社会系统。在复合生态系统中，自然子系统包括大气圈、岩石圈、生物圈、水圈和阳光。自然子系统作为复合生态系统存在和发展的自然基础，主要为人类生产、生活提供资源和场所，在一定程度上决定和制约着人类经济活动的规模和方式，并影响着文化的发展。经济子系统主要指第一、二、三产业，包括生产、消费和流通等环节，主要用来满足人类生产生活需要。该系统由生产者、消费者、流通者、调控者和还原者等主体组成。在经济子系统中，人类从自然界获取资源和能源从事经济活动，这是人类破坏环境的主要因素。同时，经济发展水平的提高也增强了人类绿色环保、可持续发展的意识，提高了人类协调经济发展和环境保护的能力。社会子系统由人口状况、人的观念、体制、文化、政策法规、社会制度、传统习惯等要素组成。不同地区、不同要素的组合形成了不同地区独特的社会环境，决定了该地区人类的生活习惯、行为方式、消费习惯和对环境的态度等。因此，社会子系统对协调人与人之间、人类与环境之间的关系具有重要的作用。复合生态系统理论强调对资源和利益的合理开发，以及各个子系统之间与系统内部的协同共生。复合生态系统的核心理论是通过整合协调三个子系统的关系，实现可持续发展。复合生态系统包括复杂的经济属性、社会属性和自然属性，三大属性中最不可控的因素是人的影响，因为人是社会经济活动的主体，不断地向自然汲取，提高自己的物质水平；人也是自然系统的一员，人类的生产生活活动都不能违背自然生态规律。

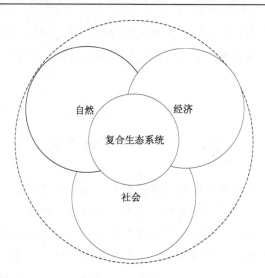

图 2-1　复合生态系统

　　在复合生态系统变化过程中，城市化过程体现了人类经济、社会发展的方方面面，反映了人类经济、社会、自然子系统相互制约、相互影响的复杂关系，是复杂生态系统发展演化的必然产物。研究城市化发展进程中三大子系统如何相互影响，实现复合生态系统的螺旋式上升，形成一定的生态格局与生态秩序，对促进社会可持续发展具有重要的意义。随着生态安全研究的深入，生态安全评价方法也在吸纳各个学科、领域的相关研究成果，在不断的争论与批判中逐渐发展与完善。本书依据复合生态系统理论，参考生态安全评价相关研究成果，综合考虑经济、社会、自然等层面构建生态安全指标体系，从而判断地区的发展是否处于可持续发展状态。

第一篇　环境规制篇

第 3 章　环境规制的影响因素

政府以经济与自然和谐发展为目的，通过颁布行政制度、发挥公众作用等各种方式，约束经济主体排污行为。第 3～5 章围绕环境规制的微观机制进行探讨，分别研究环境规制的影响因素、主体博弈行为及绩效影响。目前，对环境规制经济后果研究较多，而对环境规制前因变量的影响研究较少。因此，本章应用文本挖掘方法，借助线性判别分析（linear discriminant analysis, LDA），利用大型非结构化的文本数据库对环境规制的影响因素进行探索性分析，归纳环境规制影响因素框架体系，为后续研究环境规制背景下不同主体的行为决策因素和相互作用机制提供理论基础。

3.1　引　　言

随着社会经济和工业化的不断发展，环境污染已经成为一个重要的全球性问题[142]，对人们生产生活影响较大。2021 年，全球二氧化碳排放量为 363 亿 t，创下历史新高。中国作为全球最大的二氧化碳排放国，2021 年碳排放总量超过 119 亿 t，占全球总排放量的 31.4%。自 20 世纪 70 年代以来，世界各国都开始重视环境保护问题。由于自然环境的外部性，无论是企业还是个人，均很难自愿自发地控制污染，因此实施环境规制手段是必要的。对此，中国政府已经颁布了许多相关法律法规，《国民经济和社会发展第十二个五年规划纲要》提出建设资源节约型、环境友好型社会，环境保护投资也相应增加。"十二五"期间，社会环境保护投资为 4.17 万亿元，比"十一五"期间增长了 92.8%。"十三五"期间，这一环保投资继续增加。显而易见，环境规制在中国的发展中发挥着重要作用[143]。

学者们对环境规制的影响因素进行了大量研究。Fredriksson 和 Svensson[144] 将政府腐败程度纳入考量，同时考虑政府规模、立法质量、公务人员待遇等因素，通过实证分析得出结论，认为腐败环境下的政治动荡会降低环境规制的严格程度。除了相关政策影响外，对环境库兹涅茨曲线的研究表明，经济发展与环境污染之间存在非线性关系，对环境规制产生了至关重要的影响[145]。任梅等[146]以中国东部沿海城市群为例，基于非期望产出的超效率 SBM 模型测度城市群环境规制效率及其空间演变特征，认为环境规制效率变动的影响因素包括经济发展水平、产业结构、市场环境、城镇化水平和对外开放水平。具有不同产业特征的企业对环境规制的反应不同，因此，产业结构也是环境规制实施效果的影响因素之一[147]。Wang 等[148]研究了城市化对空气污染的影响，但城市化和环境规制之间的关系仍不确定。此外，Chen 等[149]认为公众的环境意识，与一个地区的教育水平有关，对区域环境规制政策的落实有着全面而有利的影响。

可以看出，尽管许多文献对环境规制影响因素进行了探讨，但缺少系统化的分析框架，且这些研究大多集中在环境规制影响因素的某一个具体方向上，缺少整体性的影响因素识别体系。同时，大多数文献以面板数据为依据，集中在某一个具体地区的环境规制分析上，缺少综合视角下的环境规制影响因素探讨。因此，有必要解决上述局限性，使得环境规制在影响因素这一方面的理论更加完整和成熟。本章从整体视角出发，围绕环境规制影响因素系统性收集文本数据，基于 LDA 主题模型梳理并提炼出已有研究中出现频次最高的词汇作为环境规制影响因素，并给出相应的整合框架。

3.2　环境规制影响因素的理论基础

环境规制往往通过发布相关法规、政策、行政措施或针对特定主体制定规章制度以达到降低环境污染的目的，譬如对高污染企业制定排放标准和征收排污税费、对环境资源重新合理定价、选择某一特定区域试点环保新政策等。环境规制可以分为直接环境规制和间接环境规制两类，直接环境规制能够在短期内显著降低企业污染物排放量，然而与企业绿色技术创新之间未能达成一致；间接环境规制通过价格机制倒逼企业减少排污并寻求更积极有效的排污方案，灵活性更强。

环境规制的制定和实施涉及多方主体。由于资源和环境存在公共物品属性，且环境污染具有负外部性及信息产权不明晰等现象，不易划分责任归属。此外，随着环保投诉和曝光渠道增多，环境污染事件的关注度也在不断上升，受非政府环保组织、自媒体等外部监督主体监督。同时，环境规制作为一种社会性规制，其政策实施过程涉及社会经济运行的多个领域，无法单纯由不受经济利益或政治利益驱使而仅追求社会福利最大化的利他主义者所决定，因此实施环境规制时容易出现市场失灵现象，无法单纯依赖市场机制进行约束，必须借助政府等多方主体实施监督和干预。

3.3　研究方法及数据来源

3.3.1　LDA 主题模型相关研究

主题模型是基于贝叶斯网络的生成模型，具有强大的数据降维和分析隐含语义的作用，常被应用于文档分类处理、社交媒体数据挖掘、图像视频分析等研究场景。在 LDA 主题模型出现之前，有关大型文本数据的信息提取主要采用潜在语义索引（latent semantic indexing, LSI）方法，通过奇异值分解的方式降低数据的分析维度，压缩大型文档集合需要处理的信息，构建对应的隐含语义分析。虽然这一方法使文本分析的效率和质量有所提升[150]，但缺乏统计支撑，并且在数据总量较大的情况下，计算复杂度会增加，导致应用有限。在 LSI 的基础上，Hofmann[151]提出概率模型潜在语义索引（probabilistic model latent semantic indexing, PLSI）模型，引入概率因素，所有文档被视为混合比例列表，将文档简化为一组主题的概率分布，与 LSI 相比其计算复杂度降低，能够处理更大规模的文本数据。但是，一方面 PLSI 在实际研究过程中，模型参数数量随着文档及主题数量的增加而增加，需要对期望最大化算法进行更新迭代；另一方面，LSI 和 PLSI 都未考虑文档中的词汇顺序和文档的具体顺序，使得模型中参数的数量与语料库的大小呈线性增长，极易导致过度拟合。

基于此，Blei 等[152]提出 LDA 主题模型，LDA 主题模型是一种无监督的产生式概率语料库建模方法和词袋模型，也称为三层贝叶斯概率模型，包含文档、主题和词汇三层结构，其中每个文档是多个主题的混合，每个主题又是多个词汇的混合，可以集中文档主题并以概率形式给出，常用于推测文档的主题分布。LDA 主题模型忽略了文档集内部词汇的顺序，首先根据主题多项式分布抽取一个特定主题，与此同时根据当前主题对词汇进行分布采样，重复操作直至文档集合中的所有词汇采样结束。LDA 主题模型搭建完毕后，进一步通过吉布斯抽样算法或者期望最大化算法训练调参。

该模型与 PLSI 一样都是建立在概率基础上从大型文档数据中得到潜在主题信息的非监督学习模型，但 LDA 主题模型通过狄利克雷（Dirichlet）先验随机确定出主题和词汇的分布，克服了 PLSI 过度拟合的缺点，在文本挖掘中具有良好的主题辨识能力。

本章研究环境规制影响因素的原始数据都是文档集合的形式，文本数据筛选主题的常见方法为主题模型。主题模型的目的是获得文档集合的简要描述，可以用于分类、聚类和降维等基本任务，通过潜在话题的概念来捕捉文档背后的语义。LDA 被公认为是最成功的主题模型，它模拟了语料库的生成过程，每个文档都由潜在的主题组成，每个主题都由词汇的多叉分布来描述，为了控制模型参数的容量，避免过度拟合的问题，对语料库以外的所有主题都给出了狄利克雷先验。由于专门研究中国环境规制影响因素的英文文献量过少，为了使本章选取的环境规制影响因素更具说服力，从知网上导入环境规制影响因素的相关论文，使用 LDA 模型进行文本归类，得到学界普遍认可的共性指标作为最终的环境规制影响因素，为后续推进中国环境规制政策落实生效，探究政策实施的演化规律提供理论基础。

3.3.2　LDA 主题模型理论介绍

1. LDA 主题模型概率图

LDA 模型的概率图如图 3-1 所示，其中 α 是狄利克雷分布参数；η 是主题参数，是已知的先验输入，由输入的文档数据集合本身决定；M 代表文档数据集合；N 代表文档数据集合中文档的数量；K 代表主题数量；θ 表示文档数据集合的主题概率分布；β 代表主题的词汇分布；Z 代表第 m 个文档第 n 个词的主题，由 θ_m 得到；ω 代表第 m 个文档的第 n 个词，由 $Z_{m,n}$ 和 β_k 获得，其中 θ_m 和 β_k 均符合狄利克雷分布。

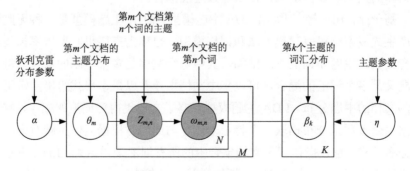

图 3-1　LDA 模型的概率图

根据图 3-1 所示的变量，可以得出 LDA 主题模型的联合分布为

$$p\left(\beta_{1:k},\theta_{1:M},Z_{1:M},\omega_{1:M}\right)=\prod_{k=1}^{K}p(\eta)\prod_{m=1}^{M}p(\theta_m)\left[\prod_{n=1}^{N}p(Z_{m,n}|\theta_m)\,p(\omega_{m,n}|\eta_{1:k},Z_{m,n})\right]$$

（3-1）

LDA 文本数据模型使用吉布斯抽样算法得到文档的主题概率分布及主题的词汇概率分布，具体公式如下：

$$\theta_{m,k}=\frac{n_{m,-i}^{k}+\alpha_k}{\sum\limits_{k=1}^{K}n_{-i}^{k}+\alpha_k},\ \beta_{k,i}=\frac{n_{k,-i}^{i}+\eta_k}{\sum\limits_{k=1}^{K}n_{m,-i}^{k}+\eta_k}$$

（3-2）

根据 $\theta_{m,k}$ 和 $\beta_{k,i}$ 可以统计得到 θ_m 和 β_k。

2. 主题数量的选择

主题数量 K 的选择对 LDA 模型的实施效果有很大影响。最优主题数的选取取决于困惑度（perplexity）。困惑度是对某个模型等可能性词语的有效度量，为文档集中包含的语句相似性几何均值的倒数，随着语句相似性的增加而减小，因此当主题数最优时，困惑度为最小值。困惑度的计算公式如下：

$$\text{Perplexity}(D)=\exp\left\{-\frac{\sum\limits_{m=1}^{M}\log p(\omega_m)}{\sum\limits_{m=1}^{M}L_m}\right\}$$

（3-3）

式中，D 表示文档中所有词的集合，$d\in D$；M 表示文档的数量，$m\in M$；L_m 表示词的数量；ω_m 表示词；$p(\omega_m)$ 表示文档中词的概率。

$$p(\omega_m)=\sum_{d}\prod_{l=1}^{L}\sum_{j=1}^{J}p(\omega_j\mid Z_j=j)\cdot p(Z_j=j\mid \omega_m)\cdot p(d)$$

（3-4）

式中，J 指主题模型中每个文档的词的总数，即文档的长度。

3. 轮廓系数

聚类有效性的评估方法分为外部评估法和内部评估法，其中外部评估法用来全方位对比数据集分类结果与已知分类的相似度，包括 F 分数法；内部评估法根据对主题类别之间分离度与凝聚度的判断，实现对算法有效性的判断，包括轮廓系数。本章使用轮廓系数对聚类有效性加以评估。轮廓系数在实际应用场景中可以同时量化数据集中任一词汇与本主题下其他

词汇的相似性，以及该词汇同其他主题下词汇的相似性，基于形式针对性地量化两种相似性可以得到聚类的效果评价标准。

假设将 m 个文档的数据集 X 有效划分为 K 个主题 C_1，C_2，$\cdots$，C_K，数据点 $x \in X$，用 $a(x)$ 表示数据点 x 与 x 所在类簇其他数据点间的平均距离，$b(x)$ 表示数据点 x 与除 x 所在类簇外的其他类簇间的最小距离，$s(x)$ 表示数据点 x 的轮廓系数。

$$s(x) = \frac{b(x) - a(x)}{\max\{a(x), b(x)\}} \tag{3-5}$$

式中，

$$a(x) = \frac{\sum_{x' \in C_i, x \neq x'} \mathrm{dist}(x, x')}{|C_j| - 1}, \quad b(x) = \min_{C_j : 1 \leqslant j \leqslant K, j \neq i} \left\{ \frac{\sum_{x' \in C_j} \mathrm{dist}(x, x')}{|C_j|} \right\} \tag{3-6}$$

而

$$s(x) = \begin{cases} 1, & \text{数据点}x\text{与其他类簇中数据点的差异较大} \\ 0, & \text{数据点}x\text{分类不明显} \\ -1, & \text{数据点}x\text{被分配到一个错误的类簇中} \end{cases} \tag{3-7}$$

当轮廓系数为 1 时，不同主题的类间距越大，即同一主题的类内紧密程度更大，聚类效果更优。

4. LDA 主题模型可视化

对文档集合中的每个词汇随机分配主题编号，基于吉布斯抽样算法一直给每个词汇重新分配一个新主题，直至算法收敛输出 $\theta_{m,k}$ 和 $\beta_{k,i}$，将计算得到的文档集合中主题和词汇共同出现的频率作为最终输出结果。通过 pyLDAvis 模型库和词云图对 LDA 文档模型输出结果进行可视化分析。pyLDAvis 可被用于计算词汇与主题的相关性：

$$\mathrm{Relevance}(\mathrm{term}\,\omega | \mathrm{topic}\,t) = \lambda \times p(\omega | t) + (1 - \lambda) \times p(\omega | t) / p(\omega) \tag{3-8}$$

式中，λ 为调节参数，当 λ 接近 1 时，在该主题下，出现频率的相关性更高；当 λ 接近 0 时，在该主题下，出现频率低的词汇与主题的相关性更高。因此可以通过调节 λ 的数值大小来改变词汇与主题的相关性。

3.3.3 数据来源

本章对中文文献进行 LDA 主题建模，首先以"环境规制"和"影响因素"为篇名、关键词或摘要在"知网"上检索相关文献，共检索到中文文献 5583 篇，按主题相关性从高到低排序，通过浏览篇名和摘要，剔除与环境规制影响因素无关的文献，并删去以环境规制为影响因素的文献，在剩余的文献中选中相关性在前 500 的文献。由于文献正文含有大量公式和图表，不方便提取纯文本数据，而摘要能够集中概括主要内容和研究成果，通过 Python 代码提取这 500 篇中文论文的摘要，将其保存为纯文本格式。

　　初步获取的文本数据需要进行筛选，去除与研究内容无关但出现频率很高的虚词、形容词等词语，借助 Jieba 分词库、Gensim 自然语言处理库进行中文文本分词和停用词、无效字符过滤，同时将系统无法辨识的专业词汇导入文档向量，即为原始数据。

3.4　LDA 主题模型结果分析

3.4.1　主题数量 K 值

　　当主题数量 K 值相对较小时，该主题容易出现多重语义，当主题数量 K 值相对较大时，模型容易出现过度拟合问题，因此 K 值的选取对于最终聚类效果起到关键性作用。本章综合考虑困惑度数值和轮廓系数，以选出最优主题数。根据 Python 的 Sklearn 库中的 perplexity 方法计算不同主题数下的困惑度数值，利用 matplotlib 库可视化，初步预设最大主题数量为 30，分别计算主题数量从 1 到 30 时对应的困惑度数值和轮廓系数。困惑度数值和轮廓系数随主题数的变化关系如图 3-2 所示。

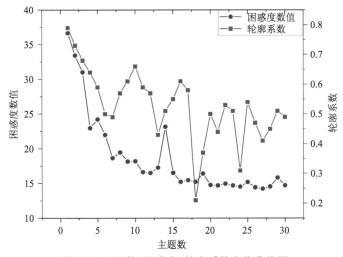

图 3-2　主题数–困惑度–轮廓系数变化曲线图

由图 3-2 可知，在训练 LDA 主题模型的过程中，困惑度随主题数增加而减小并趋平，但当困惑度过小时，容易出现过度拟合。结合轮廓系数在不同主题数下的数值表现，发现当主题数为 10 的时候，在轮廓系数相对较大的同时困惑度相对较小，结合主题可解释性，最终确定最优主题数量为 10。

3.4.2　可视化分析

1. pyLDAvis 运行结果展示

对于狄利克雷分布参数 α 和主题参数 η，通常默认值为主题数的倒数，因此这里选择将两个超参数的数值设置为 0.1，迭代次数设置为 1000。选定所有参数后，开始 LDA 主题模型构建，输出文档和主题概率矩阵，以及主题和词汇分布情况，通过 pyLDAvis 模型库绘制交互式的环境规制影响因素主题聚类结果可视化图谱。pyLDAvis 库的运行结果如图 3-3 所示，主题以圆圈图的形式展现，圆圈的大小表示主题出现的频率高低，圆圈之间的距离远近表示多维空间映射到二维空间的主题之间的接近程度，根据主题聚类分组进行上色标记，圆圈之间的重叠并不代表主题之间存在实际上的重叠，而是由三维空间中主题在二维空间中的投影产生的。

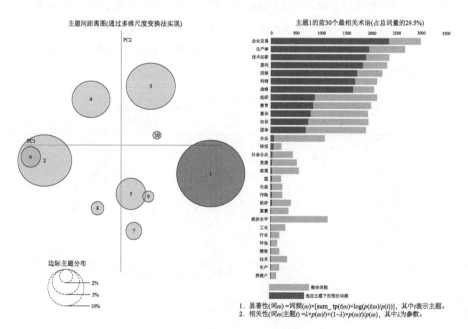

1. 显著性(词ω) =词频(ω)×[sum_ tp($t|\omega$)×log($p(t|\omega)/p(t)$)]，其中t表示主题。
2. 相关性(词ω|主题t) =$\lambda×p(\omega|t)+(1-\lambda)×p(\omega|t)/p(\omega)$，其中$\lambda$为参数。

图 3-3　主题词可视化分布情况

根据可视化图谱的距离远近及主题之间关键词词义的联系确定了 3 个研究专题，如图 3-4 所示。

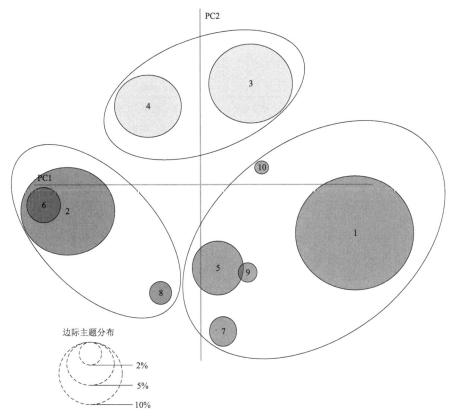

图 3-4　主题划分图谱

2. 聚类结果分析

主题的聚类结果如表 3-1 所示。研究专题 1 包括主题 1、5、7、9 和 10，从主题内涵来看，主题关键词"利润""回报""盈利""生产率"都跟企业经营获利相关。环境规制作为平衡环境生态和经济活动的干预手段，对企业生产经营绩效的持续性和稳定性带来一定影响；同样地，企业盈亏情况也决定了其环保投资积极性和生产规模，进而影响环境规制效率。主题关键词"战略"和"企业发展"是从企业未来发展前景角度出发，在企业战略层面可将环保投资纳入长期发展来考量。主题关键词"技术创新"则主要体现了企业技术创新通过知识外溢、产业结构优化，出于承担社会责任及企业可持续发展的考虑，影响环境规制目的、标准和实施工具。

表 3-1　10 个主题的聚类结果

研究专题	主题序号	相关词汇
1	1	企业发展、生产率、技术创新、盈利、回报
	5	技术创新、利润、战略
	7	盈利、战略、回报
	9	生产率、利润
	10	技术创新、战略
2	2	经济水平、政策、污染、发展、工业、城镇化
	6	经济水平、污染、城镇化
	8	腐败、法律、贸易自由化、产业结构
3	3	团体、知识、组织、意识、教育
	4	知识、教育、团体、组织、绿色

　　研究专题 2 包括主题 2、6 和 8，主题关键词"政策""法律""腐败"与政府体系制度、政策文件相关。环境规制政策及相关法律法规在一定程度上指明了环境型产业发展的方向信号，对社会资本投资产生引导效应；政府腐败程度较高易导致环境执法者履职不当，弱化监管力度，进而影响环境规制的有效性。主题关键词"经济水平""贸易自由化""产业结构""城镇化"与以政府为主导的政绩相关，在经济发展的不同阶段，环境污染程度也有所不同，当政府对经济增长的需求高于环保需求时，环境规制实施较为困难。

　　研究专题 3 包括主题 3 和 4，从主题内涵来看，主题关键词"团体""组织"与公众参与有关，而主题关键词"意识""知识""教育"则与公众的环境意识相关。随着民众受教育程度的提高及环保教育的普及，公众的环保意识逐渐觉醒，面对环境污染，公众开始学会利用自身权利通过抗议、举报等渠道反映诉求，公众参与积极性日渐提升。在环境规制政策落实中，政府失灵现象时有发生，公众参与能够不断完善当前环境规制政策，提高环境治理效率，减少由信息壁垒导致的环境规制错位现象。

　　3. 影响因素归纳

　　将主题聚类结果绘制成词云图如图 3-5 所示。根据表 3-1 的聚类结果和表 3-5 的词云图分别对不同主题下的相关词汇进行总结归纳，将"技术创新"归纳为影响因素"技术创新水平"；由于"盈利""回报""利润"都与企业经营获利相关，"生产率"指产出与投入之比，与企业生产效率相关，而一般情况下企业利润和企业生产效率都与企业规模呈正相关关系，因此将"生产率""盈利""回报""利润"总结为影响因素"企业规模"；将"企业发展""战略"总结为影响因素"发展战略"；将"城镇化"归纳为影响因素"城镇化率"；将"经济水平""发展"总结为影响因素"经济发展水平"；由于"工业""污染"多与产业结构相关，当第二产业占比较高时，工业产值较高，带来的环境污染也相对更大，因此将"产业结构""工业""污染"总结为影响因素"产业结构"；将"贸易自由化"归纳为影响因素"对外开放水平"；将"法律""政策"总结为影响因素"法律法规完善度"；将"腐败"归纳为影响因素"政府腐败指数"；由于环境规制影响因素的相关文献中所指代的"团体""组织"多特指公众自发组织或自发参与的民间环保组织和团体，因此将"团体""组织"总结为影响因素"参与度"；同样地，由于环境规制影响因素的相关文献中所指代的"知识""教育""意识"多特指公众环保知识普及度、环保教育水平及公众环保意识水平，因此将"知识""教育""意识""绿色"总结为影响因素"环保意识水平"。

(a) 研究专题1   (b) 研究专题2   (c) 研究专题3

图 3-5 聚类结果词云图

3.5 环境规制影响因素

3.5.1 影响因素分析

1. 技术创新水平

技术创新是指凭借新的知识理论，通过新的技术手段，实现新的技术产出，达到新的技术效果。这里的技术创新是指绿色技术创新，是以提高环境质量为目标，与环境系统相协调的新型现代技术系统，与环境规制效率显著正相关。绿色技术创新能力是经济社会低碳化发展的引擎，其创新产出推动生产技术的进步，进而推动产业分化融合的进程，最终降低环境规制成本。

2. 企业规模

企业规模是对企业生产经营范围的划分，企业规模与环境规制实施效果正相关。不同企业对于环境规制具有不同程度的敏感度和抗压能力，大型国有企业需要承担更多的环保责任，通常会对应更加严格的环境政策和频繁的监督检查；其余大型重污染企业多因其大体量的污染物排放需求而被监管部门列为重点监督对象，为了规避风险也会投入更多的环保资金；而小型企业则因承受的环境监管压力较小且经营收入不高，往往不愿意在环保上投入较多资金，因此环境规制效果不佳。

3. 发展战略

发展战略是指在未来的一段时间里，企业根据所处内外环境，综合自身能力而采取的发展规划、发展速度与质量、发展重点及发展能力的选择和计划，企业发展战略的绿色相关度与企业环境规制呈正相关关系。发展战略中是否有环保投资计划展现了企业高层管理人员的环保意识水平，关于经营利润和环保责任的选择优先级决定了企业在面对环保投资时的态度，以及环境规制最终呈现的效果。

4. 城镇化率

城镇化率是指城镇人口占总人口的比重，用于反映人口向城市聚集的过程和聚集程度，城镇化率能够正向影响环境规制实施效果。一方面，随着地区城镇化率的升高，人力资源、经济资源、政策资源等向该地区不断倾斜，吸引产业在此聚集，有效降低生产成本，削弱行业壁垒，减少区域污染物排放与污染处理成本，因此有利于提高环境规制效率；另一方面，当城镇化率较高时，人口密度和资源需求量随之增加，人地关系也变得紧张，环境污染和资源浪费事件更易引发群众不满，导致政府采取更加严格的环境规制政策。

5. 经济发展水平

经济发展水平是指一个地区经济发展的规模、速度和所达到的水准，经济发展水平与环境质量存在一定的关系。在经济发展初期，地区生产总值作为官员晋升的重要依据之一，激励地方政府展开竞争，环境规制政策为经济发展让路，造成环境污染。经济发展达到一定水平后，人们的环保意识逐渐提高，对经济发展和环境保护协调发展的需求日益凸显，政府开始增加对环境保护的资金投入和技术支持，环境规制实施效果相应提升。

6. 产业结构

对环境保护来讲，产业结构是指工业产业在整个国民经济中所占的比重，产业结构与环境规制效率显著负相关。由于第二产业的生产活动在一定程度上依赖于能源消费路径，粗犷型产业活动带来的高污染、高排放只能是环境规制下的非期望产出，所以当第二产业占比降低时，不仅能够提高产业竞争性，还能产生环境负外部效应，减轻环境污染，减少政府用于环境规制的资金投入，提高环境规制效率。

7. 对外开放水平

对外开放水平是指一个地区经济市场的开放程度，主要表现在商品市场的外贸进出口方面，提高对外开放水平有助于改善环境规制效率。根据"污染避难所"假说的观点，当对外开放水平较高时，由于经济落后地区的环境规制政策宽松，经济发达地区倾向于将高能耗、高污染的产业向经济落后地区转移，以改善本地区环境质量，加剧经济落后地区的环境污染，而经济发达地区则谋求高质量的经济发展，引入资源节约型和环境友好型企业，更新清洁生产技术，改良生产设备，导致不同地区的环境规制效率分化严重。

8. 法律法规完善度

这里的法律法规完善度是指环境法律制度的立法规模，建立和完善环境法律法规是我国生态环境法治建设的根本，完善相关法律法规能对环境规制起到促进和改善作用。当环境法律制度的立法不成体系时，在一定程度上意味着政府对于环境质量的重视程度不足，愿意牺牲环境质量换取高污染产业带来的经济增长，污染物排放行为更加猖獗。随着环境法律制度逐渐完善，各类环境监测平台兴起，对环境规制效率有显著促进作用。

9. 政府腐败指数

环境规制中的政府腐败多指政府官员收受企业贿赂，包庇企业排放大量污染物等破坏环境的违法生产行为，治理政府腐败现象能够改善环境规制效率。环境规制是一个多主体参与过程，上下级政府和企业之间的互动共同决定了环境规制的最终效果，而腐败后的执法者在日常履职中弱化了执法力度，为非法排污企业提供了有效庇护，扩大了非法排污企业的规模，长此以往会破坏环境规制的有效性。

10. 参与度

公众参与在环境领域中指公众有权参与到环境政策从制定到落实的每一个环节中，从而进行环境保护的行为，参与度则表示公众参与环保事业的意愿，参与度与环境规制效率正相关。从公众视角来看，当环境问题严重到影响生产生活时，公众往往会采取投诉、举报、抗议等措施表达不满，参与度随之提高。从政府视角来看，服务型政府通常会以公众诉求为先，公众在环保事业中的参与积极性是政府获取信息的重要通道。环境规制不受市场配置，而政府信息滞后的情形时有发生，因此公众参与是当前环境保护政策的一种改善，有利于提高环境规制效率。

11. 环保意识水平

环保意识是指公众对于环境保护的认知程度，以及公众以环保为目的进而调整自身经济活动和社会行为的自觉性，公众的环保意识水平越高，环境规制效果越好。公众物质水平的提高、文化素养的提升及媒体行业的发展促使公众的环保意识水平显著上升，公众对于政府环保政策的执行力度，环境信息公开范围等方面提出更高的要求，这种自下而上的方式是政府环境规制政策透明度上升的重要推手。

3.5.2 影响因素归纳

根据上述影响因素解释不难看出，"技术创新水平""企业规模""发展战略"都属于企业层面的影响因素，"城镇化率""经济发展水平""产业结构""对外开放水平""法律法规完善度""政府腐败指数"都属于政府层面的影响因素，而"参与度""环保意识水平"都属于公众层面的影响因素。据此构建影响因素框架，如图3-6所示。

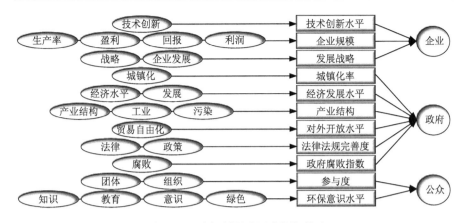

图 3-6　环境规制影响因素框架构建

3.6　本 章 结 论

本章的研究贡献在于使用 LDA 主题模型识别影响因素，在应用大规模文本数据的同时极大程度保持了研究内容的深度与广度，通过建立影响因素综合框架，更加全面地了解环境规制，对于丰富现有研究成果，进一步推动中国语境下的环境规制深入研究具有重要意义。

本章通过主题模型的研究方法对与环境规制影响因素相关的 500 篇中文文献摘要进行 LDA 主题建模，根据其结果归纳了三个环境规制影响因素的研究主题，分别是政府层面的影响因素、企业层面的影响因素和公众层面的影响因素，并在此基础上构建了环境规制影响因素的综合指标框架，为环境规制研究提供了更为系统的认识。但政府、企业、公众这三个主体的行为决策是如何相互作用影响的？在什么均衡条件下才能达到环境规制的最优实施效果？这些是需要进一步研究的话题。

第4章 环境规制主体博弈行为

第 3 章基于文本挖掘和 LDA 技术识别了环境规制下三个主体：政府、公众与企业。本章基于演化博弈的视角，构建政府、公众与企业三方模型，考虑参与主体的初始意愿，研究环境规制背景下的演化模型，并进行数值仿真，确定各主体的行为决策影响因素及互相作用机制，为政府部门与企业提供决策参考。

4.1 引　　言

工业化造成的环境污染与全球气候变化之间的联系已得到越来越多学者的研究，并受到政府干预。欧盟推出《欧洲绿色协议》，美国重返《巴黎协定》，中国提出了"双碳"目标，启动了全球最大碳交易市场，提出碳中和目标的国家的 GDP 占比已超过全球四分之三。环境规制已经成为政府平衡经济发展与环境保护的重要手段。地方政府之间存在竞争，加剧了环境监管的失灵。作为一种外生干预措施，环境规制会影响排污企业采取的减排策略[153]。理论和实践都证明，环境规制对排污企业减排的影响是多元化的[154]，对减排技术进步速度和方向的影响都具有不确定性[155]。随着市场机制的进步，我国环境规制正在逐步调整和完善，要确定这些政策在实践中是否有效，需要对制定的政策进行有效的评估，并采取有效的措施来监督政策的实施。虽然很多学者分析了一些政策的效果，但由于成本限制等原因，无法完全实施[156]。

实施环境规制的过程也是博弈的过程[157]。演化博弈将群体行为的调整过程视为一个动态系统，它不仅可以描述每个个体的行为及其与群体的关系，而且可以将个体行为及其与群体行为的形成机制，以及其中涉及的各种因素都纳入模型中，从而构建具有微观基础的宏观模型。国内外许多学者研究了相关主体在环境规制过程中的战略行为。在监管主体与监管客体之间的行为互动方面，王秀丽等[158]和 Aubert 等[159]运用演化博弈论讨论了稀土矿区和水资源环境治理的复杂性。Sun 和 Feng[25]通过演化博弈证明了中央政府监管对地方政府和企业选择的策略有积极影响。Wang 等[160]使用演化博弈论分析了市场监管对经济和环境绩效的影响。Luo 等[161]和Wang 等[162]运用演化博弈论分析了地方政府或环境监管部门与企业之间的环境治理策略博弈，发现政府监管成本和对违法企业的处罚是影响双方行为的关键因素。然而，由于政策目标与实际结果之间存在较大差距，中国的环境规制往往存在有效性低的特点[163]。

目前对环境规制的研究，许多学者探讨了政府监管部门与排污企业两个主体，如 Sheng 等[9]、Jiang 等[164]、Liu 等[165]采用演化博弈论研究政府行为和企业行为的博弈均衡问题。环境规制演化博弈多以两方博弈为主，把社会公众作为一个参变量，很少将其作为参与主体进行研究；同时多数的三方博弈论文考虑的是如何计算稳定均衡点的问题，以及参数变化对均衡的影响[166]，很少关注参与主体初始意愿。针对上述问题，本书采用三方演化博弈模型，考虑初始意愿，分析政府、社会公众和排污企业策略行为的共生演化，并融入政府的奖惩政策、排污企业的排放政策与公众行为的影响，动态分析和预测政府补贴和罚款对排污企业的影响。

4.2　环境规制下政府、公众与企业之间的三方博弈模型

4.2.1　三方博弈模型假设

为了有效进行演化博弈模型的研究，在描述政府、公众与企业的三方演化博弈过程中，对模型进行了必要的假设，假设如下。

（1）假设博弈模型中有三个主体：地方政府，监管和执行环境规制，监督检查企业排污情况；公众，监督政府环境规制实施力度与企业遵守环境规制力度；企业，遵守环境规制，接受政府与公众的监督，是降低环境污染的实施者。

（2）"经济人"假设。参与主体的目的是最大化自身利益。政府是环境规制的倡导者，监管部门决策时关注的焦点是社会与环境利益最大化，公众与企业的目标是个体经济利益最大化。

（3）有限理性假设。本章选择演化博弈，主要是因为参与主体的有限

理性更加符合实际情况。

（4）策略。政府有两种策略，即"监管"与"纵容"；公众对政府和企业的行为策略有两种选择，即"参与监督"与"不参与监督"；企业在环境规制中有两种策略，即"遵守环境规制"与"规避环境规制"。

4.2.2　三方博弈模型参数设置

根据模型假设，考虑政府、公众与企业在选择策略时所考虑的主要因素，对模型中所用到的参数进行定义，各参数符号及其含义如表 4-1 所示。

表 4-1　参数符号及其含义

参数	参数含义
φ	企业规避环境规制时，获得的惩罚系数
C_1	一般管控成本
C_2	公众参与监督时，需额外支付的管控成本
C_3	企业规避环境规制造成社会损失，政府付出的治理成本
F_1	公众参与监督下，企业规避环境规制政府收益
F_2	公众不参与监督下，企业规避环境规制政府收益
F_3	公众参与监督下，企业遵守环境规制政府收益
F_4	公众不参与监督下，企业遵守环境规制政府收益
I	企业遵守环境规制治污成本
C_4	企业规避环境规制排污声誉成本
ω	采取遵守环境规制且政府检查时，政府补贴系数
C_5	规避环境规制的机会成本
P_1	公众参与监督下，企业规避环境规制收益
P_2	公众不参与监督下，企业规避环境规制收益
P_3	公众参与监督下，企业遵守环境规制收益
P_4	公众不参与监督下，企业遵守环境规制收益
R	参与事件的收益
C_6	公众监督要付出时间、搜索等成本
C_7	不参与事件讨论，潜在利益受损
x	政府监管环境规制概率
y	公众参与监督概率
z	企业遵守环境规制概率

注：其中 $C_1 < \varphi P_1$，$P_4 > P_3 > P_2 > P_1$，$I > C_5$，$R > C_6$，$x, y, z \in (0,1)$

4.2.3　三方博弈模型支付矩阵的构建

环境规制背景下的演化可以看成是政府、公众与企业三方动态博弈的结果。在模型假设的基础上，将政府监管与纵容、公众参与和不参与监督、企业遵守与规避环境规制的策略进行组合。三方参与主体的博弈矩阵如表 4-2 所示。

表 4-2　政府、公众与企业的三方博弈矩阵

企业	政府监管 x		政府纵容 $1-x$	
	公众参与 y	公众不参与 $1-y$	公众参与 y	公众不参与 $1-y$
遵守 z	(a_1, b_1, c_1)	(a_2, b_2, c_2)	(a_3, b_3, c_3)	(a_4, b_4, c_4)
规避 $1-z$	(a_5, b_5, c_5)	(a_6, b_6, c_6)	(a_7, b_7, c_7)	(a_8, b_8, c_8)

当政府选择监管执行环境规制策略，公众选择参与监督策略，企业选择遵守环境规制策略时，政府的收益是在公众参与下，企业选择遵守环境规制策略带来的收益（F_3），减去政府的监管成本（$C_1 + C_2$）和对企业遵守环境规制的补贴（ωI），因此政府收益为 $F_3 - \omega I - C_1 - C_2$；公众收益为参与事件的收益（$R$），减去参与事件的监督成本（$C_6$），因此公众收益为 $R - C_6$；同理，企业的收益为 $P_3 + \omega I - I$。同样，也可求得其他政府、公众与企业的三方博弈值（表 4-3）。

表 4-3　政府、公众与企业的博弈收益值

策略	政府	公众	企业
(a_1, b_1, c_1)	$F_3 - \omega I - C_1 - C_2$	$R - C_6$	$P_3 + \omega I - I$
(a_2, b_2, c_2)	$F_4 - \omega I - C_1$	0	$P_4 + \omega I - I$
(a_3, b_3, c_3)	$F_3 - C_2$	$R - C_6$	$P_3 - I$
(a_4, b_4, c_4)	F_4	0	$P_4 - I$
(a_5, b_5, c_5)	$F_1 + \varphi P_1 - C_1 - C_2 - C_3$	$R - C_6$	$P_1 - \varphi P_1 - C_4 - C_5$
(a_6, b_6, c_6)	$F_2 + \varphi P_1 - C_1 - C_3$	$-C_7$	$P_2 - \varphi P_1 - C_4 - C_5$
(a_7, b_7, c_7)	$F_1 - C_2 - C_3$	$R - C_6$	$P_1 - C_5$
(a_8, b_8, c_8)	$F_2 - C_3$	$-C_7$	$P_2 - C_5$

4.3　三方博弈模型演化稳定策略求解

4.3.1　三方博弈模型的收益期望函数构建

根据表 4-3 可知，政府在博弈时选择"监管"策略的期望收益 U_{g1}、选择"纵容"策略的期望收益 U_{g2} 和平均期望收益 $\overline{U}_g$ 分别为

$$U_{g1} = yza_1 + (1-y)za_2 + y(1-z)a_5 + (1-y)(1-z)a_6 \tag{4-1}$$

$$U_{g2} = yza_3 + (1-y)za_4 + y(1-z)a_7 + (1-y)(1-z)a_8 \tag{4-2}$$

$$\overline{U}_g = xU_{g1} + (1-x)U_{g2} \tag{4-3}$$

公众在博弈时选择"参与监督"策略的期望收益 U_{p1}、选择"不参与监督"策略的期望收益 U_{p2} 和平均期望收益 $\overline{U}_p$ 分别为

$$U_{p1} = xzb_1 + (1-x)zb_3 + x(1-z)b_5 + (1-x)(1-z)b_7 \tag{4-4}$$

$$U_{p2} = xzb_2 + (1-x)zb_4 + x(1-z)b_6 + (1-x)(1-z)b_8 \tag{4-5}$$

$$\overline{U}_p = yU_{p1} + (1-y)U_{p2} \tag{4-6}$$

企业在博弈时选择"遵守环境规制"策略的期望收益 U_{e1}、选择"规避环境规制"策略的期望收益 U_{e2} 和平均期望收益 $\overline{U}_e$ 分别为

$$U_{e1} = xyc_1 + x(1-y)c_2 + (1-x)yc_3 + (1-x)(1-y)c_4 \tag{4-7}$$

$$U_{e2} = xyc_5 + x(1-y)c_6 + (1-x)yc_7 + (1-x)(1-y)c_8 \tag{4-8}$$

$$\overline{U}_e = zU_{e1} + (1-z)U_{e2} \tag{4-9}$$

4.3.2　三方博弈模型的演化稳定策略

通过上面的分析，得到政府的复制动态方程为

$$F(x) = \frac{dx}{dt} = x(U_{g1} - \overline{U}_g) = x(1-x)\left[z(-\varphi P_1 - \omega I) - C_1 + \varphi P_1\right] \tag{4-10}$$

公众的复制动态方程为

$$F(y) = \frac{dy}{dt} = y(U_{p1} - \overline{U}_p) = y(1-y)(R - C_6 - C_7) \tag{4-11}$$

企业的复制动态方程为

$$F(z) = \frac{dz}{dt} = z(U_{e1} - \overline{U}_e) = z(1-z)[x(\varphi P_1 + C_4 + \omega I)$$
$$+ y(P_3 - P_1 - P_4 + P_2) + P_4 - P_2 + C_5 - I] \tag{4-12}$$

将式（4-10）～式（4-12）联立，得到政府、公众和企业的复制动态

系统为

$$
\begin{cases}
F(x) = x(1-x)\left[z(-\varphi P_1 - \omega I) - C_1 + \varphi P_1\right] \\
F(y) = y(1-y)(R - C_6 - C_7) \\
F(z) = z(1-z)\left[x(\varphi P_1 + C_4 + \omega I) + y(P_3 - P_1 - P_4 + P_2) + P_4 - P_2 + C_5 - I\right]
\end{cases}
$$

(4-13)

按照 Friedman 提出的方法，微分方程系统的演化稳定策略（evolutionarily stable strategy，ESS）可由该系统的雅可比矩阵的局部稳定性分析得到[167]

$$
J =
\begin{bmatrix}
(1-2x)\left[z(-\varphi P_1 - \omega I) - C_1 + \varphi P_1\right] & 0 & x(1-x)(-\varphi P_1 - \omega I) \\
0 & (1-2y)(R - C_6 - C_7) & 0 \\
z(1-z)(\varphi P_1 + C_4 + \omega I) & z(1-z)(P_3 - P_1 - P_4 - P_2) & C_{33}
\end{bmatrix}
$$

(4-14)

式中，$C_{33} = (1-2z)\left[x(\varphi P_1 + C_4 + \omega I) + y(P_3 - P_1 - P_4 + P_2) + P_4 - P_2 + C_5 - I\right]$。

在系统中，令 $F(x) = F(y) = F(z) = 0$，可以得到局部均衡点为 $E_1(0,0,0)$，$E_2(0,0,1)$，$E_3(0,1,0)$，$E_4(0,1,1)$，$E_5(1,0,0)$，$E_6(1,0,1)$，$E_7(1,1,0)$，$E_8(1,1,1)$。依据演化博弈理论，满足雅可比矩阵的所有特征值都为非的均衡点为系统的演化稳定点（ESS）。

4.3.3　三方演化博弈均衡点的稳定性分析

下面首先分析均衡点为 $E_1(0,0,0)$ 的情形，此时雅可比矩阵为

$$
J_1 =
\begin{bmatrix}
\varphi P_1 - C_1 & 0 & 0 \\
0 & R - C_6 - C_7 & 0 \\
0 & 0 & P_4 - P_2 + C_5 - I
\end{bmatrix}
$$

(4-15)

可以看出，此时雅可比矩阵的特征值为 $\lambda_1 = \varphi P_1 - C_1$，$\lambda_2 = R - C_6 - C_7$，$\lambda_3 = P_4 - P_2 + C_5 - I$。以此类推，将 8 个均衡点分别代入雅可比矩阵中以分别得到均衡点所对应的雅可比矩阵的特征值，如表 4-4 所示。

表 4-4　雅可比矩阵的特征值

均衡点	特征值 λ_1	特征值 λ_2	特征值 λ_3
$E_1(0,0,0)$	$\varphi P_1 - C_1$	$R - C_6 - C_7$	$P_4 - P_2 + C_5 - I$
$E_2(0,0,1)$	$-\omega I - C_1$	$R - C_6 + C_7$	$-(P_4 - P_2 + C_5 - I)$

续表

均衡点	特征值 λ_1	特征值 λ_2	特征值 λ_3
$E_3(0,1,0)$	$\varphi P_1 - C_1$	$-(R - C_6 + C_7)$	$P_3 - P_2 + C_5 - I$
$E_4(0,1,1)$	$-\omega I - C_1$	$-(R - C_6 + C_7)$	$-(P_3 - P_1 + C_5 - I)$
$E_5(1,0,0)$	$-(\varphi P_1 - C_1)$	$R - C_6 + C_7$	$\varphi P_1 + C_4 + \omega I$ $+P_4 - P_2 + C_5 - I$
$E_6(1,0,1)$	$\omega I + C_1$	$R - C_6 + C_7$	$-(\varphi P_1 + C_4 + \omega I$ $+P_4 - P_2 + C_5 - I)$
$E_7(1,1,0)$	$-(\varphi P_1 - C_1)$	$-(R - C_6 + C_7)$	$\varphi P_1 + C_4 + \omega I$ $+P_3 - P_1 + C_5 - I$
$E_8(1,1,1)$	$\omega I + C_1$	$-(R - C_6 + C_7)$	$-(\varphi P_1 + C_4 + \omega I$ $+P_3 - P_1 + C_5 - I)$

为了便于分析不同均衡点所对应特征值的符号，且不失一般性，假设 $R - C_6 + C_7 > 0$；类似情形下企业遵守环境规制的收益要大于遵守成本减去机会成本，即 $P_4 - P_2 > I - C_5$，$P_3 - P_1 > I - C_5$，计算结果如表4-5所示。

表4-5　均衡点稳定性

均衡点	λ_1	λ_2	λ_3	稳定性
$E_1(0,0,0)$	+	+	+	鞍点
$E_2(0,0,1)$	−	+	−	非稳定点
$E_3(0,1,0)$	+	−	+	非稳定点
$E_4(0,1,1)$	−	−	−	ESS
$E_5(1,0,0)$	−	+	+	非稳定点
$E_6(1,0,1)$	+	+	−	非稳定点
$E_7(1,1,0)$	−	−	+	非稳定点
$E_8(1,1,1)$	+	−	+	非稳定点

4.4　政府-公众-企业博弈的数值分析

为了更直观地探索环境规制下参与主体的渐进稳定演化轨迹，基于已建立的演化博弈模型和不同的政府监管力度，采用数值仿真法和MATLAB软件进行仿真分析。

参数取值为 $\varphi = 0.4$，$\omega = 0.2$，$C_1 = 5$，$C_2 = 3$，$C_3 = 3$，$C_4 = 3$，$C_5 = 3$，$C_6 = 1$，$C_7 = 2$，$R = 3$，$I = 6$，$P_1 = 14$，$P_2 = 18$，$P_3 = 22$，$P_4 = 26$，其中 x、y、z 的初始取值与模型分析中的一致。

4.4.1　初始意愿对博弈演化的影响

具有不同的初始值的三方博弈群体最终博弈结果存在明显的差异，政府机构采取"纵容"策略的概率越高，则公众采取"参与"策略的概率越高，如图 4-1 所示，参与主体存在稳定的均衡点 $(0,1,1)$，即从长远来看，政府不监管环境规制，公众和企业最终会选择"参与"和"遵守环境规制"策略，这既是必然，也是我国绿色发展的长期目标。

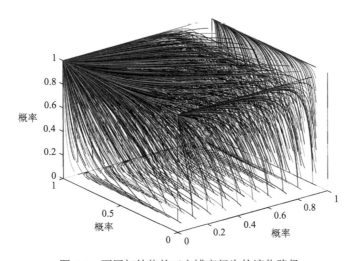

图 4-1　不同初始值的三方博弈行为的演化路径

图 4-2 中其他参数没有改变，模拟仿真政府、公众与企业参与环境规制的初始意愿变化对演化的影响。假设政府、公众与企业三方的初始意愿相同，即 $x = y = z$，由图 4-2 可知，当初始意愿 x、y、z 同时变化时，x 都收敛于 0，y 和 z 都收敛于 1，最终平衡点趋向于 $(0,1,1)$，这与图 4-1 所示的结论是吻合的；仿真结果表明，随着初始意愿 x、y、z 的增大，x 趋向于 0 的速度减慢，y 和 z 趋向于 1 的速度加快，最终公众与企业都积极参与到环境保护中。这是在环境规制期间，当公众与企业在环境规制中参与意愿不是很强烈时，政府降低监管力度，充分发挥公众对企业的监管和市场对企业的调节作用；排污企业遵守意愿越高，遵守效果越好，在市场机制调节作用下，企业如果不创新、不积极向上就会无法在市场中立足，所以企业会在积极遵守环境规制情景下投入绿色减排。

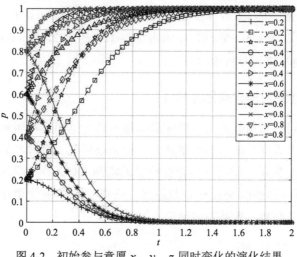

图 4-2 初始参与意愿 x、y、z 同时变化的演化结果

t 表示时间，p 表示概率，下同

图 4-3 中其他参数没有改变，模拟仿真政府的初始参与意愿 x 变化对公众和企业参与环境规制策略的影响。由图 4-3 可知，公众和企业参与的初始意愿处于一个中等状态，随着政府初始参与意愿不断变化，演化系统的均衡点没有变化；x 的增大对 y 的收敛速度没有影响，而 z 的收敛速度增加，并且 z 的收敛速度大于 y。仿真结果表明，随着政府的初始参与意愿 x 增强，公众的参与意愿不变，企业的参与意愿增强，且企业的参与意愿受政府的影响较大。政府的排污罚款与减排补贴直接作用于企业，因此企业是否遵守环境规制受政府的影响较大，而公众更多关注短时间内环境规制是否对自己的利益产生影响，并不受政府参与意愿变化影响。

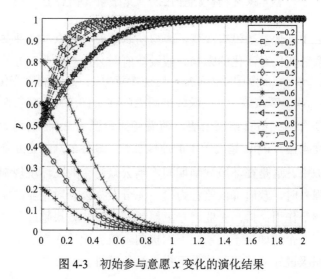

图 4-3 初始参与意愿 x 变化的演化结果

图 4-4 中其他参数没有改变，模拟仿真企业的初始参与意愿 z 变化对公众和政府参与环境规制策略的影响。从图 4-4 可以看出，政府和公众参与的初始意愿处于中等状态，企业初始参与意愿不断变化，演化系统的均衡点没有变化；z 的增大对 y 的收敛速度没有影响，而 x 的收敛速度增大。仿真结果表明，随着企业的初始参与意愿 z 增强，公众的参与意愿保持不变，政府的参与意愿增强，并且政府的参与意愿受企业的影响较小。当企业遵守环境规制时，政府只为企业提供减排补贴，因此影响较小；而公众更多关注短时段环境规制是否对自己有影响，并不受企业参与意愿影响。

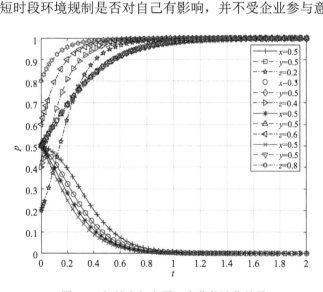

图 4-4 初始参与意愿 z 变化的演化结果

4.4.2 政府的惩罚力度系数对博弈演化的影响

在政府的惩罚系数分别为 0.1（低）、0.5（一般）和 0.9（高）时进行演化仿真模拟发现，随着演化的推移，环境规制系统最终收敛于 (0,1,1) 点，政府选择"纵容"策略，公众选择"参与"策略，企业选择"遵守"政策，演化路径如图 4-5（a）所示。从图 4-5（b）可以看出，无论施加多大惩罚，政府最终都会退出监管环境规制。不同的惩罚条件下演化路径相差不大，表明惩罚激励对政府不明显；从图 4-5（c）可以看出，政府的惩罚对企业会产生积极的推动作用，最终使排污企业遵守环境规制，减少排污甚至不排污；惩罚系数越大，企业遵守环境规制的演化速度越快，表明政府的惩罚措施将增大企业遵守环境规制的热情。

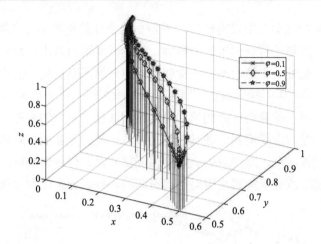

(a) 不同政府惩罚系数下系统的演化轨迹

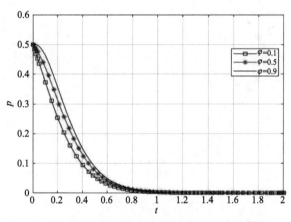

(b) 不同政府惩罚系数下政府行为的演化路径仿真图

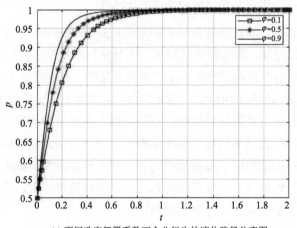

(c) 不同政府惩罚系数下企业行为的演化路径仿真图

图 4-5　政府惩罚系数对博弈演化的影响

4.4.3　政府的补贴力度系数对博弈演化的影响

在政府的补贴力度系数分别为 0.2（低）、0.4（一般）和 0.6（高）时进行演化仿真模拟发现，随着演化的推移，环境规制系统最终也收敛于 (0,1,1) 点，政府选择"纵容"策略，公众选择"参与"策略，企业选择"遵守"政策，演化路径如图 4-6（a）所示。由图 4-6（b）可知，当政府补贴达到一定水平时，企业可以完全实现绿色减排，市场发挥调节作用；当 ω 为 0.4 和 0.6 时，政府对企业的补贴越大，政府演化至退出监管环境规制的速度越快，这是由于高补贴会加速企业进行遵守环境规制的动力；但当 ω 为 0.2 时，政府的演化轨迹为先"监管"后"纵容"，这是由于低力度的补贴在演化初期对促进排污企业遵守环境规制的作用不明显，政府需要进一步加强监管，促进企业绿色创新和减排；从图 4-6（c）可看出，排污企业在不同补贴力度系数 ω 值下的演化路径基本一致，表明补贴强度的差异对演化过程没有显著影响。

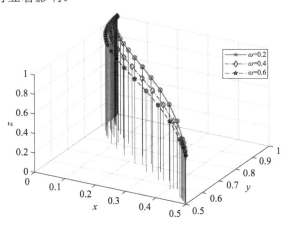

(a) 不同政府补贴力度下系统的演化轨迹

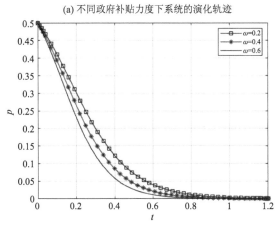

(b) 不同政府补贴力度下政府行为的演化路径仿真图

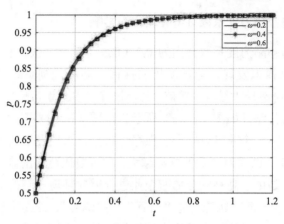

(c) 不同政府补贴力度下企业行为的演化路径仿真图

图 4-6　政府补贴力度系数对博弈演化的影响

4.5　环境规制下三方博弈均衡策略的启示与建议

通过对演化稳定策略（ESS）条件的分析表明，整个演化博弈系统在一定条件下可以收敛到一个理想状态。数值模拟说明了不同场景下的 ESS 及参数变化对这些策略的影响。这项研究不仅可以提供演化机制，拓宽我们对环境规制与减排策略之间关系的理解，而且可为我国环境监管改革和改善市场成果提供有价值的指导。通过研究，本章得到如下启示。

（1）目前，在中国企业遵守环境规制意识薄弱、缺乏动力的情况下，政府应采用多种方式监督企业的污染物排放。同时，政府还应注重控制监管力度，合理规划监管成本的投入，避免不合理分配造成的资源浪费，更要防止过度行政参与，抑制企业独立减排的积极性；还应建立市场化、多元化的环保补偿机制。此外，排放权交易市场要从部分地区、部分行业逐步向全地区、全行业延伸。

（2）采取多种方式，鼓励排污企业开展环保技术创新和应用，发展壮大环保产业；完善生态标签制度，增强消费者的绿色偏好。在增加减排回报的同时，增加绿色产品的附加值。此外，要加强环境保护宣传，激发公众监督环境污染问题的积极性。最后，要坚决守住"生态保护红线"，完善超标排污企业的退出机制，倒逼排污企业转型升级。

（3）企业作为环境规制的主体，应加强环保意识，加大绿色减排投入，减少环境污染和资源过度消耗；公众应从自身做起，参与对政府与企业的监督，促进环境规制实施；政府应及时退出环境规制监管，从政策驱动力转变为市场驱动力，使产业能够进入市场竞争，保持产业活力。

（4）由于公众只关注当前利益，在有环境污染热点事件期间，政府应积极引导和调动公众的积极性去监督排污企业，从侧面提高企业遵守环境规制的积极性。当前，实施环境规制最好的手段是严厉的惩罚措施，但随着时间的推进、公众的积极参与、企业社会责任的提高，政府会偏向采用补贴政策。

4.6　本 章 结 论

大多数研究使用政府和企业作为环境规制下的主要参与者，只将公众行为作为外生变量引入博弈模型，公众与政府和企业之间没有博弈分析，很少关注环境规制下由地方政府、排污企业和社会公众组成的系统的均衡策略。因此，本章的贡献在于使用三方演化博弈模型来分析每个博弈者和环境规制系统的稳定均衡策略，根据复制动态方程，分别讨论了不同主体行为的演变及其 ESS。进一步进行了仿真模拟，分析了相关外部变量对平衡稳定性的影响。不同主体对博弈策略的相对承诺影响了相互依赖的博弈结果。此外，三个主体之间的策略演化路径和收敛速度表现出一致的相互依赖程度，结果表明如下。

（1）政府、公众与企业对彼此的影响程度不同。公众的行为受政府和企业的影响较小，政府与企业的影响是对称的，在环境规制演化过程中，排污企业越遵守环境规制，政府纵容的速度也越快。

（2）对于排污企业而言，罚款征收的正向促进作用最强，惩罚系数越大，企业达到环境规制均衡的速度越快；补贴力度系数的变动对企业达到稳定均衡的速度无明显影响，企业在规定排放量下获取相同比例系数的补贴，企业之间没有差异性，就缺乏创新减排积极性。

（3）对于公众行为选择而言，政府的惩罚系数与补贴力度系数的变动对演化的影响不明显。社会公众只关心当前较短时间内环境规制对自己的影响，如果近期有环境污染热点事件时，公众会积极参与对企业与政府监管部门等方面的舆论监督；相反地，如果没有环境污染热点事件时，公众不会关注政府环境监管部门、企业排污相关动态。

（4）随着时间的推进，政府最终会选择放松规制。对企业的补贴支持越高，政府放松监管的速度越快，这是因为企业要通过遵守环境规制获取政府的补贴，减少了偷排多排问题；惩罚系数越小，纵容越快，这是因为惩罚系数越低，政府监管的意愿也越大，达到均衡稳定的速度也越慢。

　　本章的研究存在一些局限性。目前的工作仍然无法完整总结一般三维演化博弈模型的稳定均衡条件。从长远来看，环境规制策略的现实选择很可能会随着时间的推移呈现出一个更加动态的变化过程，其特点是根据奖惩水平变化、外部竞争策略等因素的转变来调整、优化及改变政府决策与企业自身能力。这些问题给即将进行的研究带来了挑战。

第5章　环境规制绩效影响

第4章主要进行环境规制不同参与主体的行为博弈及策略仿真研究，而环境规制的主要作用对象是企业，环境规制情境下企业的行为选择不会只受到政策接受成本、补偿费用与行政处罚三种因素的影响，因而环境规制影响企业战略重构的内在机制需进行深入探讨。与此同时，随着企业面临的环境规制强度不断增大，传统末端治理的经营战略越来越体现出成本高昂等劣势，因而积极调整经营战略，抓住环境规制契机和促进生产技术革新的机遇，实施前瞻型的环境战略，依靠"先动优势"与"创新补偿"提升企业综合绩效，成为企业利用环境规制实现绿色发展的明智选择。因此，本章探讨环境规制、环境战略与企业绩效相互影响的作用机理，为企业调整环境战略、承担环保责任与提升经济绩效提供指导。

5.1　引　　言

环境规制强调运用政策等强制作用力，要求企业必须严格遵守政策规定，企业在环境保护的过程中几乎没有行为选择权，一旦违反相关规定将受到严厉的处罚[168]。但伴随市场经济和信息技术的发展与成熟，激励调节式[169]、信息披露式[170]及意识引导式[171]等新型环境规制越来越体现出高效、开放的优势，环境规制实践具有了可选择的空间。

环境规制可划分为命令控制型、市场激励型和公众参与型三类规制[172]，但长期以来在国内外环境治理实践与理论研究中，命令控制型和市场激励型这两类传统环境规制始终占据主导地位。由于中国市场经济仍处于待完善阶段，信息技术的运用仍未在企业中普及，企业文化等软因素对生产经营行为还不具备制约作用，企业主动环保意愿不强，因而借鉴 Weitzman[173]将环境规制划分为命令控制型与市场激励型的做法，本章重点研究政策强制力与市场配置对企业环境战略及综合绩效的作用。环境规制是影响企业行为与绩效的最基本因素之一，环境规制类型的差异必然会对企业的经营战略造成不同的影响，因而为应对不同类型的环境规制，企业必须实施相应的环境战略[174]。

借鉴 Wu 等[175]利用资源能力、社会责任与利益相关者干预三个属性对环境战略进行划分的做法，本章将环境战略细分为反应型环境战略与前瞻型环境战略，其中反应型环境战略是指企业在环境保护方面未采取预防措施，倾向于先污染后治理的环境战略；前瞻型环境战略是指企业在服从环境规制之外还主动采取环境治理措施的环境战略。

本章探讨环境战略作为中介变量对环境规制作用于企业绩效的影响。但企业绩效不能简单理解为经营利润等财务绩效，在面临愈加严苛的环境规制时，对环境保护等社会责任的承担与否也应成为企业绩效的一部分。而深入分析环境规制下的企业绩效和对企业绩效进行类型划分的文献相对较少，结合环境规制的目的是协同提升经济绩效与环境绩效[176]，本章选取环境绩效和经济绩效两个变量对环境规制下的企业综合绩效进行测量。

5.2　环境规制绩效的理论分析与研究假设

5.2.1　命令控制型环境规制与环境战略

命令控制型环境规制主要通过法律政策来规范企业的经营行为[177]，由于行政命令的强制作用力，企业必须机械地遵守相关规定。企业一旦违反相关规定或经营行为未达到相应标准，主管部门将予以罚款、停业整顿等行政处罚，因而命令控制型环境规制对改进企业生产经营行为、解决环境污染问题具有效率高、可靠性强等优势[178]。随着环境问题的日益严峻，命令控制型环境规制得到广泛实施，中国企业正处于由低端生产向高端价值创造的转型阶段，一方面，环境规制的巨大压力促使企业改进生产工艺，增加产品技术含量，实施超越环境规制要求的环境战略，追求更高水平的技术标准和绩效标准，提升企业市场竞争力[179]；另一方面，命令控制型环境规制依赖主管部门的严格监管，监管不力等问题会使一些企业仍能够从环境污染中获得巨大利益[180,181]，因而尽可能减少在环保方面的支出，实施被动的反应型环境战略，仅满足环境规制的最低要求，甚至不遵守相关政策规定，仍是部分企业的选择[182]。因此，提出以下假设：

H1a：命令控制型环境规制与反应型环境战略呈正相关关系。

H1b：命令控制型环境规制与前瞻型环境战略呈正相关关系。

5.2.2　市场激励型环境规制与环境战略

市场激励型环境规制是指主管部门通过市场机制，引导、激励企业实施环境保护行为，实现企业经济效益与环境效益的共同提升[183]。市场激励型环境规制不强制规定企业采用何种生产方式或污染治理技术，而是通过环境税费、押金退款、财政补助等经济手段[184]，引导企业在追求经济利润最大化的同时兼顾环境保护。可见，市场激励型环境规制给予了企业一定的经营方式选择权，具有执行成本低、阻碍小的特点。Baumol 和 Oates[169]指出市场激励型环境规制强调经济利益的激励作用，有助于激发企业率先研制并使用新型环保技术，从而提升企业在产业链竞争中的话语权。但 Wagner 和 Schaltegger[185]也指出环境规制过程受诸多不确定性因素影响，同时实施环境规制的时机不同也会对环境战略产生不同的作用，因而面对市场激励型环境规制，仍会有企业实施反应型环境战略，采取机会主义行为，减少在治污方面的投入。因此，提出以下假设：

H2a：市场激励型环境规制与反应型环境战略呈正相关关系。

H2b：市场激励型环境规制与前瞻型环境战略呈正相关关系。

5.2.3　环境战略与企业绩效

Atasu 和 Subramanian[186]指出企业在生态设计、再生原料、回收利用等方面开展技术革新，能够帮助降低产品的生产成本，提升产品的经济效益，因而环境战略的实施同企业追逐经济利益的目标并不冲突，企业综合绩效应当包括财务经济绩效和生态保护绩效两个维度。而 Karassin 和 Bar-Haim[187]认为反应型环境战略下企业不会主动实施环境保护行为，其经营策略是通过隐蔽的方式进行污染物排放，尽量减少在环境保护方面的支出，其目的是仅仅满足甚至漠视环境规制的最低要求，忽略环境保护的社会责任而片面追求经济绩效最大化。相反，前瞻型环境战略则将环境保护责任视为机遇而非负担[188]。前瞻型环境战略追求实现所有利益相关者利益的最优化，引导企业在环境保护方面投入大量资源，研发满足甚至超越环境规制标准的技术，提升企业绿色管理能力，获取财政补助，提高产品的市场竞争力，最终实现财务经济绩效和生态保护绩效的"双赢"。因此，提出以下假设：

H3a：反应型环境战略与企业环境绩效呈正相关关系。

H3b：反应型环境战略与企业经济绩效呈正相关关系。

H3c：前瞻型环境战略与企业环境绩效呈正相关关系。

H3d：前瞻型环境战略与企业经济绩效呈正相关关系。

基于上述分析，构建理论框架如图 5-1 所示。

图 5-1　本章研究的理论框架

5.3　研究方法与数据来源

5.3.1　环境规制绩效问卷设计

为保证统计研究的可实践性，采用 7 分制利克特（Likert）量表，通过问卷调查方式收集数据，其中，"1"表示完全不赞同，"7"表示完全赞同。同时，在全面听取电气电子等高污染产业专家的意见基础上，明确问卷内容主要包括四个方面：问卷填写者及所在企业的基本信息、所属行业实施的环境政策、企业应对环境规制实施的环境战略类型及企业实施环境战略对绩效的影响。另外，参考已有成熟量表并结合研究内容，明确具体测量题项及其测量口径；最后，在内容正式确定及问卷大规模发放前，事先选定部分目标企业及个体开展问卷的预调查，并根据反馈意见对问卷内容进行再次修订，最终得到变量测量量表，如表 5-1 所示。

表 5-1　变量测量量表

变量	分指标	测量题项	设置依据
环境规制	命令控制型环境规制	环境保护相关的政策文件数量多	Graafland 和 Smid[178]
		环保技术标准和绩效标准高	
		违反环境规制要求会受到停业整顿等惩处	
	市场激励型环境规制	违反环境规制要求会受到罚款等经济处罚	Weitzman[173]；López-Gamero 等[177]
		合规的生产经营行为会获得政府的经济补助	
		产业内外能够广泛、顺畅地进行排污权交易	
		须向相关部门交纳环境保护保证金	

变量	分指标	测量题项	设置依据
环境战略	反应型 环境战略	开展末端式治理应对环境规制 企业不主动公开环保信息 环境管理行为难以获得企业高层的支持	Wu 等[175]
	前瞻型 环境战略	即使没有外部监管也会严格实施清洁生产 绿色发展观已经融入组织文化 企业投入大量资源开展环保技术的创新研发	Wagner 和 Schaltegger[185]
企业绩效	环境绩效	企业社会声誉因为绿色经营得以提升 售后产品回收体系完整,再利用率高 "三废"排放达标率符合环境规制要求 单位产值的综合能耗下降	罗宇洁和刘佳丽[189]; 徐贤贤[190]
	经济绩效	环境保护专利技术数量多 企业因不合规排放"三废"受到的处罚减少 单位产品生产成本降低 企业市场占有率提高	Atasu 和 Subramanian[186]

5.3.2　问卷数据收集

从高污染行业中选取化工企业、钢铁企业和有色金属生产企业作为样本。为保证调查问卷的真实性与可靠性,问卷填写者全部为以上三类企业中的从业人员;为保证调查数据的有效性,降低随机因素对研究结论的影响,问卷的发放与回收从 2021 年 2 月开始至 4 月结束,主要面向江苏省的企业及其员工;问卷主要通过纸质及邮件等问卷留置的方式进行发放,并向问卷填写者介绍了问卷的学术研究目的及具体填写方法,同时采用匿名形式消除填写者的相关顾虑。本次共发放问卷 300 份,共回收问卷 241 份,经处理与筛选,除去因数据缺失过多或有明显规律性的问卷,最终获得有效问卷 208 份,有效率为 69.3%。回收样本的关键特征统计信息如表 5-2 所示,样本企业的所有制性质、经营规模与业务开展年限等基本情况分布合理,问卷填写者包括企业的管理者、专业技术人员及科研工作者等其他人员,有效保证了研究结论的可代表性。

表 5-2　样本关键特征统计表

类别	特征分布	样本数/份	百分比/%
企业类型	国有企业/国有控股企业	48	23.08
	民营企业	109	52.40
	外资企业/中外合资企业	51	24.52
企业规模	300 人以下	44	21.15
	300～600 人	67	32.21
	600 人以上	97	46.64
成立时间	1 年以下	35	16.82
	1～3 年	59	28.37
	3～5 年	66	31.73
	5 年以上	48	23.08
企业年营业额	3000 万元以下	32	15.38
	3000 万～8000 万元	45	21.63
	8000 万元以上	131	62.99
担任职务	高层管理者	67	32.21
	中低层管理者	82	39.42
	技术人员	44	21.16
	科研人员	15	7.21
行业	化工	79	37.98
	钢铁	71	34.14
	有色金属	58	27.88

为规避无响应偏差问题可能对研究结论产生的干扰，将有效问卷随机分为两组，并通过独立样本 T 检验观察两组问卷在企业类型、企业规模等客观特质方面是否存在显著差异。结果显示两组问卷之间不存在显著差异，说明问卷数据不存在无响应偏差问题。另外，由于一份问卷全由同一人填写，且初始回收的 241 份问卷存在规律性答案，为排除共同方法偏差的问题，对回收的有效问卷进行 Harman 单因素检验，结果显示问卷数据不存在共同方法偏差问题。

5.3.3　数据信效度检验

为验证变量测量题项设置的合理性，对 208 份有效问卷数据实施信效检验。如表 5-3 所示，各变量的 Cronbach's α 系数均大于等于 0.7，说明问卷数据具有较好的内部一致性；各变量的 KMO 值均大于 0.6，Bartlett 球形检验的显著性均小于 0.05，且各因子可解释方差率都高于 60%，符合开展因子分析的要求。

表 5-3　变量因子分析结果

变量	Cronbach's α 系数	KMO 值	Bartlett 球形检验 P 值	因子可解释方差率/%
命令控制型环境规制	0.84	0.85	0.00	63.37
市场激励型环境规制	0.89	0.88	0.00	71.12
反应型环境战略	0.74	0.69	0.00	67.85
前瞻型环境战略	0.70	0.72	0.00	62.74
环境绩效	0.86	0.69	0.00	78.62
经济绩效	0.79	0.73	0.00	82.86

　　进一步，分别对环境规制、环境战略及企业绩效进行验证性因子分析，以检测各变量分指标的效度。在拟合指标方面，卡方自由度比 $\chi^2/df=1.23$（<3），规范拟合指数 NFI=0.94（>0.9），比较拟合指数 CFI=0.99（>0.95），近似误差均方根 RMSEA=0.034（<0.05），标准化均方根残差 SRMR=0.09（<0.1）。模型的各项拟合指标均符合相关标准，表明模型的拟合程度较高；各测量题项的因子载荷如表 5-4、表 5-5、表 5-6 所示，结果表明所有题项的因子载荷中最小值为 0.62，大于 0.6 的可接受值，表明各题项的收敛效度较好，能够有效反映出对应的分指标。

表 5-4　环境规制验证性因子分析

因子	分指标	命令控制型环境规制 因子载荷	市场激励型环境规制 因子载荷
环境规制	环境保护相关的政策文件数量多	0.71	
	环保技术标准和绩效标准高	0.79	
	违反环境规制要求会受到停业整顿等惩处	0.71	
	违反环境规制要求会受到罚款等经济处罚		0.73
	合规的生产经营行为会获得政府的经济补助		0.81
	产业内外能够广泛、顺畅地进行排污权交易		0.64
	须向相关部门交纳环境保护保证金		0.73

表 5-5 环境战略验证性因子分析

因子	分指标	反应型环境战略因子载荷	前瞻型环境战略因子载荷
环境战略	开展末端式治理应对环境规制	0.73	
	企业不主动公开环保信息	0.66	
	环境管理行为难以获得企业高层的支持	0.71	
	即使没有外部监管也会严格实施清洁生产		0.79
	绿色发展观已经融入组织文化		0.72
	企业投入大量资源开展环保技术的创新研发		0.78

表 5-6 企业绩效验证性因子分析

因子	分指标	环境绩效因子载荷	经济绩效因子载荷
企业绩效	企业社会声誉因为绿色经营得以提升	0.86	
	售后产品回收体系完整，再利用率高	0.62	
	"三废"排放达标率符合环境规制要求	0.79	
	单位产值的综合能耗下降	0.74	
	环境保护专利技术数量多		0.76
	企业因不合规排放"三废"受到的处罚减少		0.72
	单位产品生产成本降低		0.73
	企业市场占有率提高		0.64

5.4 环境规制绩效的结果分析

通过结构方程对各变量间互相影响的整体关系进行探究，检验前文提出的相关假设。在结构方程模型的拟合指标方面，卡方自由度比 $\chi^2/df=2.53$（<3），拟合优度指数 GFI=0.73（>0.7），调整后的拟合优度指数 AGFI=0.74（>0.7），比较拟合指数 CFI=0.81（>0.7），标准化均方根残差 SRMR=0.09（<0.1）。各指标均符合相关标准要求，表明该模型拟合优度水平较高。结构方程模型的作用路径及参数如表 5-7 所示。

表 5-7　结构方程模型结果、参数与对应假设

作用路径	路径系数	F 值	对应假设	检验结果
命令控制型环境规制→反应型环境战略	0.35	5.58*	H1a	支持
命令控制型环境规制→前瞻型环境战略	0.41	5.54	H1b	部分支持
市场激励型环境规制→反应型环境战略	0.32	5.33*	H2a	支持
市场激励型环境规制→前瞻型环境战略	0.54	8.67**	H2b	支持
反应型环境战略→企业环境绩效	0.13	1.21	H3a	拒绝
反应型环境战略→企业经济绩效	0.38	6.87**	H3b	支持
前瞻型环境战略→企业环境绩效	0.58	10.36*	H3c	支持
前瞻型环境战略→企业经济绩效	0.46	7.43*	H3d	支持

注：表中系数为标准化系数；*表示 $P<0.05$，**表示 $P<0.01$。

分析结构方程模型结果可知：

（1）命令控制型环境规制对反应型环境战略的路径系数为 0.35（$P<0.05$），且满足显著性要求；命令控制型环境规制对前瞻型环境战略的路径系数为 0.41（$P=0.07>0.05$），但在 5%的显著性要求下不显著。因此，命令控制型环境规制与反应型环境战略呈正相关关系，对前瞻型环境战略具有正向作用但不显著，验证假设 H1a 成立、假设 H1b 部分成立。

（2）市场激励型环境规制对反应型与前瞻型环境战略的路径系数分别为 0.32（$P<0.05$）、0.54（$P<0.01$），且显著性水平均符合要求。因此，市场激励型环境规制与反应型环境战略呈正相关关系，与前瞻型环境战略也呈正相关关系，验证假设 H2a、H2b 成立。

（3）反应型环境战略对企业环境绩效的路径系数为 0.13（$P=0.09>0.05$），但未通过 5%显著性水平检验；对企业经济绩效的路径系数为 0.38，且在 1%的显著性水平下显著。因此，反应型环境战略对企业环境绩效的正向影响并不显著，而对企业经济绩效的正向影响则满足显著性要求，验证假设 H3a 不成立、假设 H3b 成立。

（4）前瞻型环境战略对企业环境与经济绩效的路径系数分别为 0.58（$P<0.05$）、0.46（$P<0.05$），且均通过显著性检验。因此，前瞻型环境战略与企业的环境绩效、经济绩效均呈正相关关系，验证假设 H3c、H3d 成立。

5.5　环境规制绩效的讨论与启示

首先，环境规制作为"看得见的手"，能够有效、高效地解决企业组织片面追求私有利益最大化而忽略公共整体利益的问题，但研究发现命令控制型环境规制对企业前瞻型环境战略的正向影响并不显著。这是因为命令控制型环境规制利用政策等强制作用力剥夺了企业的行为选择权利，当企业的生产经营过程时刻面临严厉的监管时，为了迅速实现主管部门设定的环境治理目标，企业通常采取"治标不治本"的思路，通过末端治理的方式应付定期检查。但前瞻型环境战略将环境保护视为企业重要的社会责任，强调追求所有利益相关者的整体利益、长远利益最优化，而非一味追求自身利益或短期利益，因而命令控制型环境规制无法提升企业主动开展环境治理的积极性。相反地，命令控制型环境规制在客观上引导了企业为避免停业整顿等惩处而只实施短期有效的治理行为，即实施反应型环境战略。经济激励及行为选择权对提升企业主动开展环境治理的意愿具有显著正向作用：行为选择权给予了企业应对政策规定的行为空间，加之占据消费市场后的经济利益，都会促使企业努力开发新技术，改进生产工艺，设计环保、低成本的产品生产流程，迎合绿色消费的客户需求，最终满足环境规制的要求。总而言之，以经济激励手段代替行政命令等强制作用力，将会更高效地引导企业实施前瞻型的环境战略，开展环境污染的多方协同治理，走上兼顾环境效益与经济效益的高质量发展之路。

其次，关于环境战略与企业绩效关系的争论，传统观点认为反应型环境战略强调企业在环境治理方面的投入只会增加成本，占用生产资金，因而反应型环境战略与企业经济绩效呈现显著正相关关系，而与环境绩效呈现负相关关系。但以实施环境战略的高污染企业为例，本章指出反应型环境战略虽对企业的环境绩效有积极影响，但不显著。原假设被拒绝的可能原因如下：①实施反应型环境战略的企业会尽量减少在环境管理方面的支出，而通过末端治理的方式实现短期的污染物排放达标[191,192]。即使是末端治理也需要以较先进的技术为支撑，加之江苏省诸多企业采取末端治理方式应对较低强度的环境规制，因此，尽管末端治理技术不会直接对环境绩效产生积极影响，但研发末端治理技术本身仍有利可图，一些企业会投入资源开发末端治理技术并向相关企业出售此技术，从而最终对企业及社会的环境绩效产生一定的正向影响。②江苏省内各地区发展差异较大，部分高污染企业具有吸纳就业、带动经济增长的作用，因而主管部门未严格执行对其的环境规制。地方政府在追求生态环境保护的同时，也要保证地区经济发展的实现，因而会出现环境保护为经济发展让路，政府为高污染企业实施反应型环境战略而躲避环境规制提供庇护的现象，引导企业采取末端治理的方式开展环境保护。因此，企业实施反应型环境战略会对环境绩效产生正向影响。需要注意的是，这种正向影响是不显著的，且相较于前瞻型环境战略对环境绩效的正向影响，反应型环境战略作用有限。研究认为主管部门仍应引导企业实施前瞻型的环境战略，打造绿色生产、绿色经营的企业文化。

最后，结构方程模型分析结果显示，尽管反应型环境战略对企业环境绩效的影响并不显著，但两种类型环境战略均会对企业的两种绩效产生积极影响。那么引导企业积极实施环境战略，提升企业经济效益，并统筹企业扎实推进生态文明建设，应成为主管部门开展环境规制的最终目的。因此，充分发挥政府的市场监督与环境保护作用，给予企业承担环保责任的外部压力，是引导企业开展环境治理的有效途径；同时，伴随绿色需求的不断扩大，企业应将环境保护视为一种盈利的机会，应积极提高环境管理水平，主动通过实施前瞻型环境战略，实现环境绩效与经济绩效的"双赢"。

5.6　本 章 结 论

本章以有效问卷数据为基础，选取江苏省的典型行业进行调查研究。通过验证性因子分析对测量题项进行有效性检验，并运用结构方程模型探讨环境规制、环境战略及企业绩效之间的影响和作用路径。本章的主要贡献在于，把环境规制、环境战略与企业绩效融入一个框架体系，探讨三者的传递关系，找出针对不同环境规制方式，企业应采取哪种类型的环境战略，从而提高企业绩效。

本章研究发现：①两种环境规制对两种环境战略均具有正向影响，但命令控制型环境规制对反应型环境战略具有正向影响，对前瞻型环境战略具有正向影响但不显著；②市场激励型环境规制对反应型、前瞻型环境战略均具有正向影响；③两种环境战略对企业环境绩效、经济绩效均具有正向影响，反应型环境战略对企业的环境绩效具有正向影响但不显著，对企业的经济绩效具有显著的正向影响；④前瞻型环境战略对企业环境绩效、经济绩效均具有正向影响。

第二篇　能源生态效率篇

第6章 能源生态效率的测度

中国经济高速发展带来的环境污染问题需要通过环境规制加以治理，而能源问题与环境问题是紧密联系的，能源问题也是关乎人类经济社会可持续发展和国际政治经济格局的全局性、战略性问题。"双碳"目标下中国经济发展面临的能源挑战愈发严峻，提高能源效率是促进经济社会低碳发展的关键。能源生态效率综合考虑了能源、经济和生态系统，能够有效衡量经济社会发展过程中能源消费绿色化带来的生态环境改善程度，从而更科学、全面地评价地区的可持续发展情况。第6~9章主要讨论能源生态效率的测度、空间关联性、收敛性和影响机制。本章主要对江苏省各地级市能源生态效率进行测算，并对测算结果进行静态和动态评价及差异分析，为后面章节的研究打下基础。

6.1 引　　言

随着中国经济的快速发展，环境和能源问题日益突出。资源短缺和生态环境恶化已成为社会经济高质量发展的障碍。环境问题离不开环境规制的约束与治理，同时能源的低效使用也会加剧环境污染[193]。作为能源消费大国，中国经济的快速增长和城市化导致了巨大的能源消耗和二氧化碳排放，正面临着环境和能源的双重挑战。在经济发展的新常态下，我国于2020年提出"双碳"目标，并在2021年政府工作报告中进一步指出优化产业结构和能源结构的重要意义。然而，中国的碳达峰形势依然严峻，2021年全国碳排放总量约119亿t，其中能源行业约98亿t，能源燃烧占全部二氧化碳排放量的93%左右[194]。为此，提高能源生态效率迫在眉睫。江苏省是其中较为典型的一个省份，江苏省是我国经济发达省份，虽然土地和人口仅占全国的1.1%和6.0%，却创造了全国10.1%的生产总值[195]。另外，经济快速增长加快了能源消耗的步伐，2020 年江苏省能源消费总量超过 3 亿 t 标准煤，比 1987 年增长 5.4 倍，年均增长 6.2%[196]。因此，科学测度江苏省能源生态效率发展现状，对采取措施推动江苏省经济社会高质量发展意义重大。

能源生态效率的概念是在生态效率的研究基础上发展而来[83]。21 世纪初，中国学者开始引入生态效率的概念，并开展了广泛而深入的研究。能源生态效率是兼顾区域能源消费与生态效率的综合指标[197]，其核心思想是以较少的资源消耗、较小的环境影响创造较高的社会价值，对能源生态效率的评价即是将能源-经济-生态系统相结合的综合测度。在测度方法上，现有研究主要采用随机前沿分析[69,198]和数据包络分析等[73,199]方法。其中，数据包络分析不需要考虑函数形式、分布假设等条件，被广泛运用于能源生态效率的评估。在研究对象上，包括省市、经济板块乃至全国[68]，但具体到地级市层面的研究较少。在指标的选取上，投入指标的选取一般是公认的，主要从能源、劳动力和资本三方面选取指标，而产出指标的选取存在差异。目前产出指标选取主要集中在经济-环境系统，环境系统中多以工业"三废"或二氧化碳排放量作为衡量环境效益的指标[200]，缺乏对能源、经济、生态和环境多个子系统的综合衡量。

因此，本章以江苏省各地级市为具体研究对象，从能源、经济、生态多方面选取指标对其能源生态效率进行测度，并进一步对江苏省能源生态效率水平进行静态、动态评价和区域差异分析，从而为评估区域能源生态效率发展现状，掌握能源生态效率的发展趋势，提升区域整体的能源生态效率提供决策参考。

6.2　能源生态效率的理论分析

能源生态效率起源于生态效率，生态效率由德国学者 Schaltegger 和 Sturm 提出，其内涵为经济增长与环境影响的比值[201]。因此，生态效率是反映经济、社会和自然系统的综合效率，旨在强调经济发展与环境保护之间的协调发展。能源生态效率则是生态效率在资源环境领域的延伸，考虑了经济活动中的能源消耗所带来的生态环境污染问题。通过融合能源效率和生态效率，能源生态效率被界定为在尽可能降低能源消耗和生态影响的条件下带来更多的经济产出[202]。能源生态效率涵盖能源、经济、生态多个方面，能够综合衡量能源利用对经济和生态环境的影响，已成为评价经济社会可持续发展的重要指标[68]。

　　能源生态效率通常有两种测度方式，一是单要素能源生态效率，二是全要素能源生态效率[77]。前者仅考虑能源投入与单个产出的关系，后者考虑所有要素投入与多个产出的关系。因而全要素能源生态效率能更全面度量能源效率，被广泛使用。全要素能源生态效率分为参数法和非参数法。参数法需设定生产函数形式，具体包括随机前沿分析（SFA）、自由分布法（distribution free approach, DFA）和索洛余值法等。非参数法无须预先设定参数形式，避免了主观性带来的计算偏差，主要包括数据包络分析（DEA）和指数法。现阶段 DEA 模型应用更为广泛，它不仅摆脱了生产函数束缚，测度结果也更客观。

　　在全要素能源生态效率视角下，能源生态效率的测度以指标体系的构建为基础，投入指标一般从能源、劳动力和资本三方面进行选取，产出指标多从经济和环境系统中选取。早期学者们以研究能源经济效率为主，将 GDP 作为唯一的产出指标。随着环境污染问题日益受到关注，体现环境污染的指标也被引入能源效率的分析中，大多数学者倾向从工业废水、工业废气、SO_2、工业烟粉尘和 CO_2 中选择一个或几个指标作为非期望产出来衡量能源使用产生的环境影响[200]。依据能源生态效率的内涵，能源利用、经济发展和生态环境因素应同时纳入能源生态效率的测算之中。因此，能源生态效率是对能源利用、经济发展和生态环境保护的综合衡量。一个地区的能源生态效率较高，说明该地区能源利用水平较高，经济、能源与生态环境系统处于协调发展状态。反之，该地区能源利用水平较低，处于不可持续的发展状态。

6.3　研究方法与数据来源

6.3.1　研究区域概况

　　江苏省地处长江经济带，总面积为 10.72 万 km^2，资源丰富、人口众多，是我国经济最发达、最活跃的省份之一。它共辖 13 个地级市，分别是南京（省会）、无锡、徐州、常州、苏州、南通、连云港、淮安、盐城、扬州、镇江、泰州、宿迁。其中，按照地理位置，江苏通常可以分为苏南、苏中和苏北地区。苏南地区包括苏州、无锡、常州、镇江和南京 5 市，苏中地区包括扬州、泰州和南通 3 市，苏北地区包括徐州、连云港、淮安、盐城、宿迁 5 市（图 6-1）。虽然从整体来看，江苏省经济发展水平较高，但各地区间仍存在较大发展差距，苏南地区经济发达，苏中地区较为发达，苏北地区则较落后。

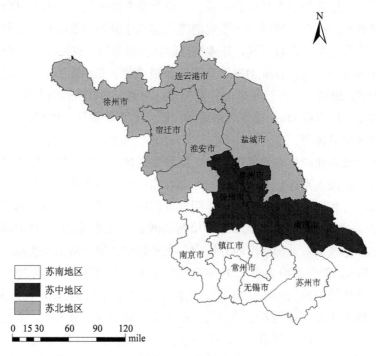

图 6-1　江苏省地图
1mile=1.609344km

　　近年来，经济的快速发展不可避免地带来能源资源的高消耗与高污染，使得江苏省经济发展与环境保护的矛盾突出，再加上各地区间由于发展水平、资源条件、技术水平等方面的差异，造成能源利用效率的差距扩大，区域能源效率的协同提升成为一大难点。本章将以能源生态效率为研究对象，综合考虑能源-经济-生态三者间关系，对江苏省各区域能源生态效率进行科学测度，为江苏省区域间能源生态效率的协同发展提供参考。

6.3.2　非期望产出下的超效率 SBM 模型

　　采用考虑非期望产出的、基于投入产出类型的、固定规模报酬下的超效率 SBM 模型对江苏省能源生态效率进行测度。SBM 模型由 Tone 提出和发展，属于 DEA 模型中的非径向和非角度的测量方法[203]，它充分考虑了投入产出的松弛问题。而超效率 SBM 是对已经达到有效的评价单元进行进一步区分，弥补了 SBM 模型的缺陷。模型公式如下[204]：

$$\rho = \frac{1-(1/n)\sum_{i=1}^{n}(\overline{x}/x_{ik})}{1+1/(o_1+o_2)\left[\sum_{s=1}^{o_1}\left(\overline{y^d}/y^d_{sk}\right)+\sum_{p=1}^{o_2}\left(\overline{y^v}/y^v_{pk}\right)\right]} \tag{6-1}$$

$$\text{s.t.}\begin{cases} \overline{x} \geqslant \sum_{j=1,\neq k}^{m}(x_{ij}\lambda_j) & (i=1,\cdots,n) \\ \overline{y^d} \leqslant \sum_{j=1,\neq k}^{m}(y^d_{sj}\lambda_j) & (s=1,\cdots,o_1) \\ \overline{y^v} \geqslant \sum_{j=1,\neq k}^{m}(y^d_{pj}\lambda_j) & (p=1,\cdots,o_2) \\ \overline{x} \geqslant x_k; \overline{y^d} \leqslant y^d_k; \overline{y^v} \geqslant y^v_k; \lambda_j > 0 \end{cases}$$

式中，ρ 代表效率值；m 代表评价单元的个数；n 代表投入要素；d 代表期望产出；v 代表非期望产出；o_1 和 o_2 分别代表期望产出和非期望产出数量；x_k 和 y_k 表示投入和产出指标；x 和 y 表示投入和产出的松弛变量；λ 为包络乘数。当 $\rho \geqslant 1$ 时，评价单元 DEA 有效，且 ρ 越大，能源利用与生态保护的协调度越好。若 $0 < \rho < 1$，表明评价单元未达到 DEA 有效。

6.3.3　数据来源

在能源生态效率测度方面，本章选取 2008～2020 年江苏省 13 个地级市的面板数据为样本，从能源、劳动力、资本三方面分别选择能源消费总量、年末就业人数和固定资产投资额作为投入指标，地区生产总值和建成区绿化覆盖面积作为期望产出，环境污染排放总量作为非期望产出。其中，本章依据各地级市数据的可获取情况，选取建成区绿化覆盖面积和工业废水、烟粉尘、二氧化硫排放总量分别作为期望和非期望产出，来衡量各地区的生态效益[205]。各指标的选取方法见表 6-1。各地级市能源消费总量数据的获取较为困难，获取途径主要有以下两种：一是通过部分城市的统计年鉴、统计各城市"十一五""十二五""十三五""十四五"能源发展报告、能源发展规划等文件得出；二是依据部分年份"全省及各省辖市单位 GDP 能耗等指标公报"计算得出。部分城市个别年份缺失的数据采取指数平滑法补齐。指数平滑法是一种常用的预测方法，该方法兼容了全期平均法和移动平均法的优点，不舍弃过去年份的数据，仅给予逐渐减弱的影响程度，即随着数据的远离，赋予其逐渐收敛为零的权数，是移动平均法的改进和发展，其结果较稳定，拟合效果较好。其余数据主要来源于 2009～2021年的《中国城市统计年鉴》。

表 6-1　投入产出指标的选取说明

投入产出要素	变量	定义	参考来源
能源投入	能源消费总量	各地级市按标准煤折算的能源消费总量	黄杰[206]；关伟和许淑婷[197]
劳动力投入	年末就业人数	各地级市年末就业人数	
资本投入	固定资产投资额	以 2008 年为基期计算的实际固定资产投资额	
期望产出	地区生产总值	以 2008 年为基期计算的实际地区生产总值	史亚琪等[207]；王腾等[58]
	建成区绿化覆盖面积	各地级市建成区绿化覆盖面积	
非期望产出	环境污染排放总量	工业废水、烟粉尘、二氧化硫排放总量	

各投入产出指标的描述性统计见表 6-2。研究期间，江苏省 13 个地级市 2008～2020 年能源消费总量均值为 2649.44 万 t 标准煤，标准差为2019.47 万 t 标准煤，最小值和最大值分别为 453.24 万 t 标准煤和 10 349.05万 t 标准煤，说明各地级市在能源消费总量上存在较大差距。从年末就业人数、固定资产投资额、地区生产总值、建成区绿化覆盖面积和环境污染排放总量这几个指标来看也是如此。各地级市在经济、资本、就业和生态环境方面均存在较大差距，由此预计各城市能源生态效率水平也存在较大发展差距。

表 6-2　投入产出指标的采样描述性统计

指标	单位	样本数	均值	标准差	最小值	最大值
能源消费总量	万 t 标准煤	169	2649.44	2019.47	453.24	10 349.05
年末就业人数	万人	169	366.08	126.27	165.39	751.80
固定资产投资额	亿元	169	2659.02	1540.53	341.99	5782.38
地区生产总值	亿元	169	4479.76	3459.04	655.06	17 884.21
建成区绿化覆盖面积	hm²	169	10 212.69	7786.15	2372	38 804.00
环境污染排放总量	万 t	169	15 482.90	14 337.49	2545.25	71 465.29

6.4　江苏能源生态效率的测度结果分析

6.4.1　江苏能源生态效率的静态评价

根据式（6-1）计算得到的 2008～2020 年江苏省各地级市的能源生态效率值见表 6-3。2008～2020 年江苏省能源生态效率最高的城市是苏州，均值达到 1.272，且一直处于生产前沿面上；南京、无锡、淮安和连云港的能源生态效率也处于领先水平，均值达到 1 以上；南通、徐州、盐城、扬州、镇江的均值均在 0.8 以上，达到较高水平；常州、泰州、宿迁的均值在 0.8 以下，处于较低水平。从地理位置上看，能源生态效率排名前三的地区都位于苏南地区，苏北地区多数城市的能源生态效率水平也较高，苏中地区由于部分城市能源生态效率水平较低拉低了整体水平，较为落后。

表 6-3　2008～2020 年江苏省能源生态效率值

城市	2008	2009	2010	2011	2012	2013	2014	2015	2016	2017	2018	2019	2020	均值
南京	1.272	1.252	1.232	1.188	1.177	1.190	1.185	1.189	1.190	1.187	1.181	1.182	1.189	1.201
无锡	1.094	1.077	1.068	1.088	1.091	1.090	1.089	1.086	1.119	1.183	1.073	1.059	1.100	1.094
徐州	1.000	1.000	1.000	1.000	0.601	0.585	0.601	1.000	1.000	1.000	1.000	1.000	1.000	0.907
常州	0.663	0.672	0.671	0.758	0.754	0.839	0.804	0.842	0.838	0.896	0.703	0.702	0.676	0.755
苏州	1.024	1.052	1.113	1.464	1.549	1.559	1.598	1.628	1.366	1.314	1.193	0.829	0.851	1.272
南通	1.066	1.049	1.035	1.000	1.004	1.013	1.008	0.714	0.735	1.000	1.003	1.034	0.564	0.940
连云港	1.000	1.103	1.094	1.056	1.000	1.038	1.025	1.000	1.015	1.061	1.047	1.041	1.033	1.039
淮安	1.095	1.042	1.058	1.064	1.202	1.143	1.124	1.095	1.052	0.747	1.065	1.079	1.087	1.066
盐城	1.000	1.000	0.754	1.326	1.287	0.696	0.718	1.206	1.185	1.049	1.023	1.006	0.629	0.991
扬州	1.000	1.000	1.000	1.000	0.741	0.727	0.722	0.739	1.010	1.000	1.000	0.551	0.770	0.866
镇江	1.012	1.007	1.001	0.757	0.771	0.776	0.778	0.756	0.749	1.000	1.089	1.097	1.102	0.915
泰州	0.624	0.609	0.629	0.493	0.524	1.000	1.000	1.000	1.000	0.641	0.703	0.568	0.497	0.714
宿迁	1.014	0.711	1.051	0.680	0.528	0.503	0.473	0.477	0.477	0.481	0.488	0.489	0.493	0.605

可见，江苏省总体能源生态效率水平较高，但地区间发展差异大，最高效的城市多位于苏南地区，相对低效的城市多位于苏中和苏北地区。因此，江苏省在提高整体的能源生态效率水平时，也应注重地区间的协调发展，根据地区差异有针对性地提高相对落后地区的能源生态效率水平，防止省内区域间能源生态效率水平差距进一步扩大。

6.4.2　江苏能源生态效率的动态评价

　　随着经济发展阶段的变化，中央政府和地方政府制定了相应的环境治理目标，比如在"十一五""十二五""十三五"期间，单位生产总值能源消耗强度设定的目标分别是降低 20%、16% 和 15%[208]。因此，各地区能源生态效率水平也会发生一定程度的变化。本章的研究时期涵盖"十一五"（2006～2010 年）中的后三年、"十二五"（2011～2015 年）和"十三五"（2016～2020 年）三个五年规划期。基于此，结合五年规划的时间安排，本章将研究期划分为三个时期：2008～2010 年、2011～2015 年和 2016～2020 年，从而分析江苏省各地级市在不同发展阶段能源生态效率的动态演化，如图 6-2 所示。

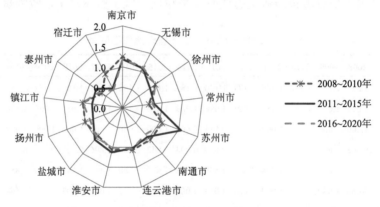

图 6-2　江苏省各地级市能源生态效率的动态演化

　　由图 6-2 可以更具体地看出研究期间江苏省各地级市能源生态效率的变化。变化幅度较小的城市有南京、无锡、连云港、淮安和盐城，这些城市能源生态效率一直维持在较高水平。变化幅度较大的城市有徐州、常州、苏州、南通、扬州、镇江、泰州和宿迁，其中徐州、镇江和扬州的能源生态效率水平在研究时期总体呈现先降后升的趋势，能源生态效率水平与研究初期相比并没有得到有效提高，地方政府需要加强重视，通过制定相关政策、加大财政投入等措施改善地区能源生态效率水平。常州、苏州和泰州在研究期间能源生态效率水平呈先升后降的趋势，常州和泰州在经济快速增长的同时应提高能源利用水平，加大生态保护力度，实现地区可持续发展；苏州近年来能源生态效率水平下降幅度最大，原因可能是近年来苏州经济持续高速增长，且作为超级工业大市，苏州终端能源结构以煤为主，能源消耗巨大，因此苏州应加快产业转型，优化能源结构，加大能源利用技术的研发力度,以提高整体的能源生态效率水平。南通和宿迁在研究期间能源生态效率水平不断降低,地方政府需要高度重视,在发展经济的同时提高能源利用效率,减少传统能源消耗,加大清洁能源使用力度。

　　综合上述分析可知,能源生态效率较高的地区大多位于苏南和苏北地区,但是两地区能源生态效率高的原因却不相同。苏南地区经济较为发达,传统能源消耗量大,但能源利用技术较为发达且生态环境保护力度较大;而苏北地区经济较为落后,传统能源消耗少,同时与苏南地区相比地广人稀,生态环境较好,因而能源生态效率水平也较高。苏中地区在研究期间能源生态效率总体水平最低,地方政府需要高度重视,推动地区经济与生态环境保护的协调发展。此外,由于各城市能源生态效率水平变化情况存在差异,各地区应针对本地区情况采取相应措施。

6.5　江苏能源生态效率区域差异分析

6.5.1　江苏能源生态效率的总体差异分析

　　用非期望产出的超效率 SBM 模型求得江苏省能源生态效率值,进而计算研究期间各年的变异系数,如图 6-3 所示。变异系数可以衡量研究样本的离散程度[209],其数值越大,表示江苏省内各地级市之间的能源生态效率差异越大;反之,则差异越小。变异系数的计算公式为 $C = S / \bar{X}$,其中 C 表示能源生态效率的变异系数,S 表示能源生态效率的标准差,$\bar{X}$ 表示能源生态效率的均值。

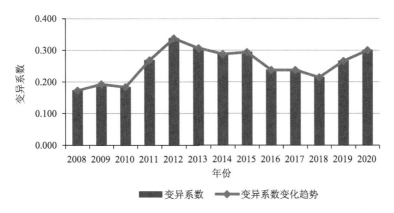

图 6-3　2008~2020 年江苏省能源生态效率的变异系数

由图 6-3 可见，研究期间江苏省能源生态效率的变异系数总体呈现先增大后减小再增大的趋势。具体来看，2008～2012 年江苏省能源生态效率的变异系数总体不断增长，到 2012 年达到峰值，2012～2018 年总体上呈不断下降的趋势，但 2018～2020 年变异系数又开始增大。这说明前期江苏省内各地级市间的能源生态效率差异不大，之后随着省内发达地区在能源利用技术、生态环境保护等方面的不断发展，各地级市间的差异逐渐显现。而在 2012～2018 年，各地区间的差异又在逐年缩小，主要原因在于党的十八大提出"把生态文明建设放在突出地位"，各地区开始认识到生态文明建设的重要性，在发展经济的同时，对于生态环境保护建设、绿色技术研发的投入不断加大，因而各地区能源生态效率的差距不断缩小。2018～2020 年江苏省各地级市能源生态效率的差异又开始增大，依据前文的分析可以推测主要原因在于苏中地区的南通和泰州能源生态效率的大幅下降。2018～2020 年南通和泰州能源生态效率下降幅度较为明显，使得各地级市间差距进一步拉大。因此，当地政府在大力发展经济的同时，应更加注重能源利用效率提升和环境保护。

6.5.2 江苏能源生态效率的区域差异分析

考虑到区域间可能存在差异，本章将江苏省整体划分为苏南、苏中和苏北地区，各地区能源生态效率均值发展趋势的折线图见图 6-4。

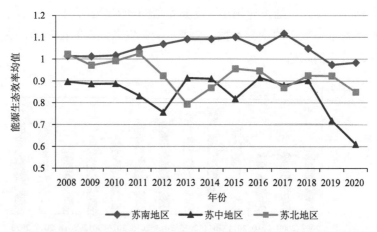

图 6-4　江苏省各地区 2008～2020 年能源生态效率均值发展趋势

研究期间，苏南地区整体的能源生态效率水平最高，2008～2017 年总体呈上升趋势，而 2017～2020 年呈下降趋势；苏北地区能源生态效率的整体水平位于第二，总体呈下降趋势；苏中地区能源生态效率的整体水平最低，研究期间波动幅度最大且下降趋势最为明显。由此可见，近年来苏南、苏中和苏北地区的能源生态效率水平总体都呈下降趋势，各地方政府需要加以重视，采取相关措施，从而有效提高各地区的能源利用效率。同时，从发展趋势也可以发现未来苏南、苏中和苏北地区能源生态效率水平的差距有进一步扩大的趋势，区域能源生态效率不平衡发展的矛盾将更加突出。因此，推动区域间能源生态效率的协调发展成为重中之重。尤其是对苏中地区而言，研究期间能源生态效率水平波动幅度较大，且2018～2020年呈大幅下降趋势。各地方政府应高度重视，加大政策、资金、技术和人才等的扶持力度，大力提高能源生态效率水平，缩小与其余地区间的发展差距。

　　为了更具体地分析研究期间江苏省能源生态效率的区域差异，从地级市角度展开探究。研究期间各地级市的能源生态效率均值及个别年份的变化趋势如图6-5所示。其中，本部分选取分时期的结尾年份2010年、2015年和2020年进行重点分析，以观察在"十一五""十二五""十三五"收官之年各地级市能源生态效率的发展情况。

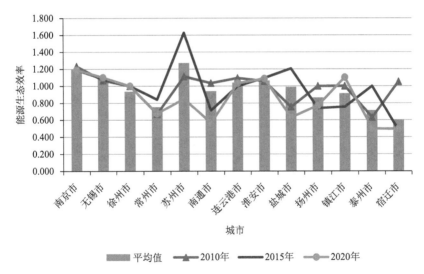

图6-5　江苏省各地级市能源生态效率的均值及个别年份的变化趋势

　　（1）从各地区的平均值来看，苏州（1.272）的能源生态效率值最高，南京（1.201）其次，接着是无锡（1.094）、淮安（1.066）和连云港（1.039），这些地区都位于最优前沿曲线上。盐城（0.991）、南通（0.940）、镇江（0.915）、徐州（0.907）、扬州（0.866）的能源生态效率均值相对较高。相比较而言，常州（0.755）、泰州（0.714）、宿迁（0.605）的能源生态效率均值相对较低。我们发现,能源生态效率排名前三的城市位于苏南地区,这些城市大多经济比较发达,产业结构良好,能源利用效率较高。而淮安、连云港、盐城这些苏北地区的城市能源生态效率也较高,大多是由于这些城市经济发展水平较低,能源消费总量与省内其余地级市相比较少,且可再生资源丰富。比如连云港、盐城靠近黄海,拥有丰富的风能、太阳能等资源,也有利于减少传统能源的消耗。另外,苏中、苏北地区的一些城市,如常州、泰州和宿迁,大多能源消费量低,但这些城市环保意识还需提升,在绿化建设方面还比较欠缺,因而拉低了整体的水平。

(2)从各年份来看,苏州在研究期间能源生态效率的均值最高,但波动幅度最大,尤其是2020年能源生态效率相较之前年份明显呈下降趋势;盐城和南通能源生态效率水平也较高,但变化幅度也较大,2020年能源生态效率也呈下降趋势;南京、无锡、徐州、连云港、淮安在研究期间能源生态效率水平较高且基本保持稳定;常州能源生态效率变化幅度较小,但离生产前沿仍有一定距离,且2020年能源生态效率水平回落到2010年水平,需要加大对能源利用技术的研发和生态环境的保护;扬州、镇江、泰州和宿迁变化幅度也相对较大,其中,镇江近年来能源生态效率呈先下降后上升的趋势,能源利用效率得到提高;而扬州、泰州和宿迁总体呈现下降趋势,各地方政府需要高度重视,采取措施减少地区能源消耗,并加大对生态环境保护的投入,提高地区的能源生态效率水平。可见,各地级市能源生态效率的发展状况不尽相同,应从差别化的角度探究提高各地区能源生态效率的有效举措。

6.6　江苏能源生态效率的结果分析与启示

6.6.1　结果分析

通过对江苏省能源生态效率的评价及区域差异分析,本章发现2008～2020年江苏省能源生态效率呈现如下特征。

(1)江苏省整体能源生态效率处于较高水平,但区域间发展不均衡。江苏省作为中国经济最发达的省份之一,在资金、技术、人才等方面拥有丰富的资源,因而整体的能源生态效率也处于较高水平。但是,分区域来看,能源生态效率在地区间存在较大发展差距。苏南地区在省内属于经济发达地区,比其他地区拥有更丰富的资源支持,因而在省内能源生态效率整体水平最高。尤其是苏州、南京和无锡，能源生态效率水平在省内一直处于最高水平。苏北地区在研究期间能源生态效率水平也较高，主要得益于较低的能源消耗和较少的环境污染。淮安、连云港、徐州和盐城在研究期间能源生态效率也处于较高水平。苏中地区经济发展领先于苏北地区，但研究期间能源生态效率水平最低，可能的解释是近年来苏中地区城市在大力发展经济的同时忽视了对生态环境的保护，导致能源消耗增多，环境污染物排放增多，大大降低了地区的能源生态效率水平。

（2）江苏省各地级市能源生态效率发展差距大，发展趋势各不相同。具体到各地级市层面，代表省内能源生态效率领先水平的苏州，其均值达到了 1.272，且一直处于生产前沿面上。而宿迁在研究期间均值为 0.605，能源生态效率发展水平最低。由此可以发现，江苏省内区域间存在巨大的发展差距。同时，各地级市发展趋势也不尽相同。南京、无锡、连云港、淮安和盐城这些能源生态效率处于较高水平的城市在研究期间能源生态效率变化不大，始终在全省处于领先水平。但徐州、常州、苏州、南通、扬州、镇江、泰州和宿迁的能源生态效率变化幅度较大，这些城市中有苏州这样的能源生态效率水平较高的城市，也有泰州、宿迁这样的能源生态效率水平较低的城市。其中，徐州、镇江和扬州的能源生态效率呈先降后升的趋势；常州、苏州和泰州呈先升后降的趋势；而南通和宿迁在研究期间能源生态效率水平一直在降低。

（3）江苏省区域间能源生态效率发展差距呈扩大的趋势。从整体上看，2008～2020 年江苏省能源生态效率的变异系数呈现先升后降再升的趋势，这表明江苏省各地级市间能源生态效率的发展差距加大。分地区来看，苏南地区能源生态效率在 2008～2017 年呈波动上升的趋势，但 2017～2020 年呈下降趋势；苏北地区总体能源生态效率水平离苏南地区还有一定差距，且 2019～2020 年出现较大幅度的下降，使其与苏南地区的差距开始拉大；苏中地区近年来由于大力发展经济，忽视了能源利用效率的提高，导致总体能源生态效率水平最低，且 2018～2020 年能源生态效率出现直线下降的现象，导致苏中地区与苏南、苏北地区的发展差距进一步拉大。综合来看，如果不采取措施提高苏中、苏北地区的能源生态效率水平，2020 年后江苏省区域间能源生态效率的发展差距将进一步扩大，区域间发展矛盾将更加突出。

6.6.2　启示

（1）加强地区间交流，发挥先进城市的辐射带动作用。研究期间江苏省区域间能源生态效率水平发展差距大。首先,苏州、南京和无锡拥有较高的能源生态效率水平,其他地区应引进这些先进城市的技术与经验,以提高本地区的能源生态效率水平;其次,相邻城市间应通过线上交流、实地调研等形式加强地区间交流合作,学习先进地区的节能减排相关做法,大力推动新能源技术创新及应用;最后,省内能源生态效率较高的城市应发挥其辐射带动作用,带动效率较低的城市改善能源消费结构,利用先进技术提高能源利用水平,从而缩小地区间发展差距。

(2)结合地区发展实际,选择针对性的措施提高能源生态效率。研究期间江苏省各地级市发展趋势存在较大差异,需要依据各城市发展情况采取针对性的措施,以提高能源生态效率水平。对于变化幅度较小且水平较高的城市(如南京、无锡、连云港、淮安和盐城),各地方政府需继续保持,同时加快科技成果转化,进一步实现企业节能降耗。对于先降后升的城市(如徐州、镇江和扬州)及先升后降的城市(如常州、苏州和泰州),由于研究期间这些城市能源生态效率水平变化幅度较大,地方政府需加大生态环境保护力度,加快产业转型升级,优化能源利用结构,实现能源生态效率水平的稳定增长。对于不断下降的城市如南通和宿迁,地方政府需高度重视,加大政策引导和财政投入力度,调整能源投入使用比例,优化产业结构。

(3)加强顶层设计,优化能源高质量发展政策机制。研究发现,无论是从整体还是分地区来看,江苏省区域间能源生态效率的发展差距都呈扩大的趋势,且各地区整体能源生态效率水平下降趋势较为明显。因此,现阶段首要任务是加强政策的规范引导,省级政府及各地方政府应重视能源消耗总量与强度的双重管控,建立完整、精细、差异化的能源高质量发展政策机制,加强能源法和环境保护法的协调衔接,从产业结构转型升级、科技创新、培育新兴产业、生活领域减排、绿色投融资与财政体系、绿色新型城市建设等各个维度制定完善相应的政策及引导指示,指导各城市实现能源生态效率水平的提升。

6.7　本 章 结 论

随着中国工业化进程加速推进,经济发展、环境保护和能源利用间的矛盾愈发突出。能源利用涉及能源、经济、生态等多个子系统,然而现有能源效率的研究多数未能考虑能源、经济和生态方面因素的综合影响,为此本章的贡献在于综合考虑能源、经济、生态因素选择了能源生态效率的投入产出指标,接着运用基于非期望产出的超效率 SBM 模型对江苏省2008~2020 年各地级市的能源生态效率进行测算,并对其进行静态、动态评价和区域差异分析,从而更全面地评估江苏省能源生态效率的发展现状,为各地区实现能源生态效率的提升提供决策参考。本章的研究对于协调好能源-经济-生态系统间关系,实现可持续发展具有积极意义。

通过研究得出如下结论。

(1)从整体看,江苏省由于经济发展水平较高,资金、技术和人才等方面资源丰富,整体的能源生态效率水平较高,大部分城市均达 0.8 以上。从局部看,各地级市由于经济发展不均衡,在资源、政策等方面存在发展差异,导致区域间能源生态效率的发展差距较大。省内苏州的能源生态效率均值达到 1.272,而宿迁在研究期间能源生态效率均值仅为 0.605。同时,从划分区域来看,苏南地区在研究期间能源生态效率水平最高;苏北地区位居第二,比苏南地区稍稍落后;苏中地区能源生态效率水平最低,且后期与苏北地区的差距进一步扩大。无论是从整体还是分地区来看,江苏省内能源生态效率发展差距都呈扩大的趋势,需要引起高度重视。

(2)具体到各地级市角度,不同城市研究期间发展趋势各异。主要分为四种类型:第一种是南京、无锡、连云港、淮安和盐城,这些城市能源生态效率一直稳定在较高的水平;第二种是徐州、镇江和扬州,这些城市能源生态效率水平也较高,但在研究期间呈先降后升的趋势;第三种是常州、苏州和泰州,这些城市能源生态效率水平呈先升后降的趋势;第四种是南通和宿迁,这些城市在研究期间能源生态效率水平呈不断下降的趋势。因此,应依据各城市的具体情况采取针对性措施,以推动江苏省区域间的协调发展。

(3)对于目前能源生态效率较高的城市也应加以重视,并分类进行控制。研究期间能源生态效率水平较高的城市主要集中在苏南和苏北地区。苏南地区苏州、南京、无锡的能源生态效率较高的原因主要在于资金、人才、政策扶持力度较大,能源利用技术先进,因而即使这些城市能源消耗量大,能源生态效率水平也较高。苏北地区的城市则不同,苏北地区的淮安、连云港和盐城能源生态效率水平也较高,但主要原因在于经济体量小,能源消耗量少,环境污染少。随着后期地区经济快速发展,能源消耗将会增加,这类城市应加以重视,通过提高能源利用水平和采用新能源等技术使其能源生态效率维持在较高水平。

第7章 能源生态效率的空间关联性

第6章研究发现江苏省能源生态效率存在区域异质性，那么各地区间的能源生态效率存在关联吗？各地区在网络中的地位和作用如何？为探究能源生态效率的空间关联关系，探索区域间能源生态效率协同提升的有效对策，本章运用 VAR 格兰杰因果检验和社会网络分析法从网络化视角构建江苏省能源生态效率的空间关联网络，进而对江苏省能源生态效率空间关联网络的整体特征、个体特征和板块间特征展开探究，以期为区域间能源生态效率的协同提升提供理论参考。

7.1 引　　言

能源消耗总量增加，环境污染加剧已成为近年来中国经济社会高质量发展的阻碍因素。"双碳"目标的提出更是对能源利用效率提出更高的要求。作为综合衡量能源、经济和生态系统的指标，能源生态效率能有效衡量地区间能源、经济和生态系统的协调发展情况。因此，全面提高能源生态效率水平成为实现可持续发展的必然要求。然而，不同地区由于经济发展水平、产业结构、消费水平等因素的差异，导致各地区间能源生态效率存在空间异质性，使得区域能源生态效率的协同发展成为一大难题[210]。江苏则是区域差异中的典型省份，省内存在较大的区域发展差异，苏南是全省经济发展的重心，工业发达，消费水平高；苏中经济发展水平居中；而苏北在各方面发展都较落后。由此，江苏省内各地区在这些不同因素的共同作用下，能源生态效率水平存在较大差异。同时，在区域协调发展战略下，江苏省各地区间在能源、经济、技术等方面的交流日益密切，使得区域能源生态效率呈现复杂的空间关联网络形态[206]。在此背景下，从网络化视角分析江苏省能源生态效率的空间关联网络结构，明确各地区在空间关联网络中的地位和作用，对于实现区域能源生态效率的协同提升具有重要的理论和现实意义。

近年来，学者们对能源生态效率空间关联的研究日益增多。在研究方法上，已有文献主要利用空间计量模型及探索性空间数据分析方法展开研究，如利用全局莫兰 I 数[197, 202, 211]、雷达图[73]和空间自回归模型[212, 213]分析能源生态效率的空间相关性、空间集聚特征或空间溢出效应；且研究结果大多表明能源生态效率在空间上存在显著的相关性和依赖性。但是这类方法多从地理邻接角度对空间分布展开研究。实际上，有些区域可能在地理上并不相邻，但能源生态效率却存在关联，因而这类方法存在地理空间上的局限性，难以描述能源生态效率的整体空间关联性。因此，一些学者尝试从网络化视角利用社会网络分析法对能源效率的空间关联网络进行分析[206, 214]，该方法突破了地理空间的局限性，但目前在能源生态效率方面采用该方法的研究还较少。在研究角度上，现有相关研究多聚焦在省级层面[211, 215, 216]、区域层面[217, 218]和行业层面[219, 220]，只能从宏观上提出提高能源生态效率的建议，具体到地级市层面的研究较少，无法针对省内具体情况提供有效的协同提升策略。

为此，本章以江苏省各地级市为例，利用 VAR 格兰杰因果检验和社会网络分析法研究江苏省能源生态效率的空间关联性，明确各地区在江苏省能源生态效率空间关联网络中的地位及作用，旨在为优化江苏省能源生态效率的整体空间格局，实现能源生态效率的区域间协同提升提供决策参考。

7.2　能源生态效率空间性的理论分析

能源生态效率旨在以最小的能源消耗和生态环境污染带来最大的经济效益，是经济社会可持续发展的重要衡量指标[81]。由于不同区域在经济结构、能源消费模式和技术水平等方面的差异，能源生态效率水平表现出显著的区域异质性。在能源资源利用过程中，本地区能源生态效率水平的提高会对其他地区产生一定的影响，同时其他地区能源生态效率水平的提高也会对本地区产生一定程度的影响，即能源生态效率存在空间溢出效应，这在已有研究中得到了充分证实[68, 83]。地理因素、政策和市场机制是促成地区间能源生态效率空间关联的主要因素[206]。

首先，地理上相邻的城市能源生态效率更容易存在关联。地理上相邻的地区在能源资源流动、技术交流等方面具有天然的地理优势。同时，由于地区间要素资源禀赋不一，能源生态效率较高的城市更倾向于向相邻地区输出资金、人才等资源，而能源生态效率较低的城市更倾向于向能源生态效率更高的相邻地区学习先进经验。因此，相邻地区能源生态效率的关联比不相邻地区更多，这是空间关联网络的重要传导路径。

其次，政策干预也是地区间能源生态效率空间关联关系形成的重要因素。在区域协调发展战略下，各地区越来越注重地区间的交流协作，由政府推动的资金、技术、人才等要素在区域间加速流动和交换，加强了各地区能源生态效率的关联关系。

最后，市场机制的推动使得地区间能源生态效率关联关系突破地理空间的限制[221]。改革开放以来，中国市场化改革有利于促进区域内各城市间能源、劳动力、资本的自由流动。在价格信号的引导下，能源资源丰富的城市将其资源出售给资源较为短缺的城市，由于要素资源配置优化引起的能源生态效率的联系突破了地理空间的局限性，使得不同区域间的关联关系逐渐增加。

基于此，区域内各城市能源生态效率相互影响，把各城市看作节点，不同城市间能源生态效率的关联关系看作边，能源生态效率的空间关联网络由此产生。随着各城市间交流愈加频繁和深入，能源生态效率空间关联网络也将呈现出更为复杂的网络形态。

7.3　研究方法与数据来源

7.3.1　VAR 格兰杰因果检验

引力模型和 VAR 格兰杰因果检验方法是目前研究变量间相关关系的主要方法。虽然引力模型与 VAR 格兰杰因果检验相比能更好地刻画网络结构的动态演变趋势[222]，但现有研究区域间动态联系的经济学理论尚未成熟，在动态结构滞后阶数的选择上存在争议。而 VAR 格兰杰因果检验不以严格的经济理论为依据，主要关注于研究动态关联关系是否存在，这也是本章关注的重点，因此这种方法是一个合适的选择。VAR 格兰杰因果检验的运用也是有条件的，它只适用于时间序列数据的检验，无法用于截面数据的检验。因而本章利用 VAR 格兰杰因果检验来探究江苏省能源生态效率间的关系，为后面空间关联网络的构建打下基础。

首先，本章将两个地级市能源生态效率的时间序列分别界定为 $\{x_t\}$ 和

$\{y_t\}$，然后通过建立两个向量自回归模型（VAR）研究两个地级市的能源生态效率的变化是否存在格兰杰因果关系[223]，如式（7-1）和式（7-2）所示。如果检验结果为 A 地区是 B 地区的格兰杰因时，就在两个地区间画一条由 A 指向 B 的有向连线，依据此方法检验研究区域内所有地区间的两两关系，从而得出区域能源生态效率的空间关联关系。

$$x_t = c_1 + \sum_{j=1}^{p} \alpha_{1,j} x_{t-j} + \sum_{j=1}^{q} \beta_{1,j} y_{t-j} + \varepsilon_{1,t} \qquad (7\text{-}1)$$

$$y_t = c_2 + \sum_{j=1}^{r} \alpha_{2,j} x_{t-j} + \sum_{j=1}^{s} \beta_{2,j} y_{t-j} + \varepsilon_{2,t} \qquad (7\text{-}2)$$

式中，c_i, α_i, β_i（$i=1,2$）为待估参数；$\{\varepsilon_{i,t}\}$（$i=1,2$）为残差项，且服从标准正态分布；p, q, r, s 为自回归项的滞后阶数。

7.3.2　能源生态效率的空间关联网络分析

社会网络分析法是一种针对关系数据的分析方法，在跨学科领域中有广泛的应用[224]。社会网络分析法能对关系数据进行精确的定量分析，从而得出定性的结论，是定性和定量分析的桥梁，能有效地解释一定的社会现象。运用社会网络分析法可以从整体上对一个区域的空间关联性进行探究，避免了传统空间计量方法"相邻"的局限性[225]。从本篇的研究对象——能源生态效率来看，各地区间技术的交流、资金的流入、资源的交换等都会使各地区间的能源生态效率产生关联，而这种关联也不再受地理空间的限制。为此，本章借助社会网络分析法对江苏省能源生态效率的空间关联网络展开研究。

1. 空间关联网络的特征指标

基于"关系数据"，本章从网络密度、网络关联度、网络等级度和网络效率这几个方面对江苏省能源生态效率的空间关联网络展开评价[226]。网络密度反映了网络中各节点关系的疏密，值越大，网络的关联性越强。网络关联度用于评价网络的稳健性，如果关联度为 1，表明研究对象都处于网络中，稳健性较强，否则网络就较脆弱。网络等级度用于评价网络节点中的非对称可达度，值越大说明地位差异越大，越多地区位于边缘地位。网络效率指在节点间连线确定的情况下，网络在多大程度上存在多余的线，其值越低，关系越紧密，网络越稳定。

度数中心度、接近中心度和中间中心度用于研究网络中的个体特征。

度数中心度反映各地区在网络中的地位,值越大,与其他省份的关联越多,越接近中间位置。接近中心度用来说明该地区不受别的地区影响的程度,值越大,越可能居于中心位置。中间中心度反映的是各节点对其他节点的控制能力,其值越大,说明该节点处于网络的核心,拥有很大的权利。

2. 块模型分析

块模型分析是社会网络分析法中进行聚类的重要方法。运用这种方法能描绘出区域内各地区在板块中的位置和作用,从而对各板块间的关联关系进行深入研究。本章参照 Wolfe[227]的研究,将江苏省能源生态效率的空间关联网络分为 4 个板块:"双向溢出"板块、"净受益"板块、"净溢出"板块和"经纪人"板块。其中,"双向溢出"板块内的成员内部关系较多,对板块内外双向溢出;"净受益"板块接收的外部关系居多,成员内部关系比例高,对外部板块的溢出关系少;"净溢出"板块发出的外部关系数远超接收的关系数;"经纪人"板块成员既发出也接收其他板块的关系,但与外部联系多,内部联系少。

7.3.3　数据来源

本章空间关联性研究的数据来源于第 6 章运用基于非期望产出的超效率 SBM 模型求得的江苏省 13 个地级市 2008～2020 年的能源生态效率值。

7.4　江苏能源生态效率的空间差异特征

为探讨江苏省内各地区能源生态效率的空间差异情况,本章按照第 6 章的划分标准,结合"十一五""十二五""十三五"发展规划的时间安排,将研究划分为三个时期:2008～2010 年、2011～2015 年和 2016～2020 年,运用 ArcGIS 软件分别做出江苏省这三个时间段能源生态效率的空间分布图(图 7-1～图 7-3)。如图 7-1～图 7-3 所示,江苏省各地区间能源生态效率的空间集聚现象不显著。总体来看,不同时期苏南地区能源生态效率水平都为最高,苏北地区其次,苏中地区能源生态效率水平没有显著提升,位居最后。分时期看,2011～2015 年苏南地区能源生态效率水平与 2008～2010 年相比呈增长态势,2016～2020 年苏南地区能源生态效率水平呈轻微下降趋势。苏北地区与苏南地区变化趋势大致相同,2011～2015 年苏北地区能源生态效率水平比 2008～2010 年略有提升,2016～2020 年略有下降。

苏中地区在研究期间能源生态效率水平没有较为显著的变化，一直落后于苏南和苏北地区。

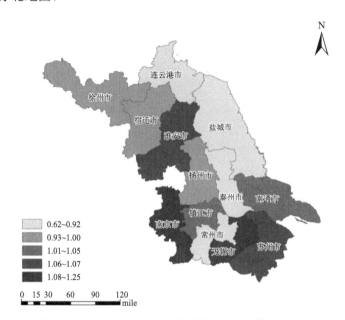

图 7-1　2008～2010 年江苏省能源生态效率的空间分布

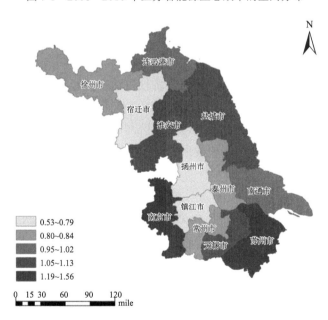

图 7-2　2011～2015 年江苏省能源生态效率的空间分布

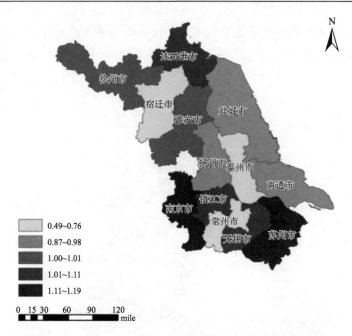

图 7-3　2016～2020 年江苏省能源生态效率的空间分布

能源生态效率的分布状态显示了不同地区能源、经济与生态环境协调的差异性。总体而言，苏南地区拥有良好的经济发展基础、较为完善的产业结构、较高的技术水平，能源利用与生态环境的协调性较好；而苏北地区由于现阶段经济发展体量小，能源消耗较少且生态环境较好，能源生态效率水平位于第二；苏中地区虽然经济较发达，但能源资源消耗多，能源利用技术有待进一步提升，因此在研究期间能源生态效率较为落后。同时，根据各地区间的发展趋势，后期苏南地区与苏中、苏北地区能源生态效率的差距将不断增大，呈两极化发展。

7.5　江苏能源生态效率的空间关联网络研究

7.5.1　能源生态效率的网络特征分析

通过上述空间分布图，本章发现地理上不相邻的地区，能源生态效率也可以达到相同的水平，那么这些地区间的能源生态效率存在关联吗？而不同能源生态效率水平的地区也存在关联吗？基于上述问题，本章在对所有变量进行单位根检验、差分处理和协整检验的基础上得出平稳时间序列，通过 VAR 格兰杰因果检验（显著性水平取 5%）得出江苏省能源生态效率的空间关联关系矩阵，基于 UCINET 软件中的可视化工具 NetDraw 得出 2008～2020 年江苏省能源生态效率的空间关联网络，如图 7-4 所示。

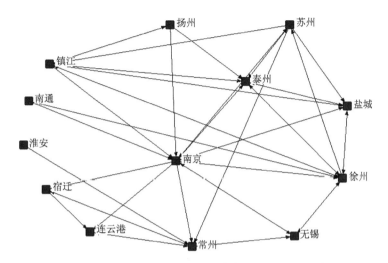

图 7-4　2008～2020 年江苏省能源生态效率的空间关联网络

由图 7-4 可知,江苏省能源生态效率的实际空间关联关系总数为 46 个，而 13 个地级市的最大关系数为 156（13×12），网络密度为 0.295，这说明江苏省能源生态效率空间关联关系的紧密程度不高，整个网络的关联性及稳定性有待提高。网络关联度的值等于 1，表示全部的地级市都在空间关联网络中，整个网络表现出很好的通达性，各地区间的能源生态效率存在显著的空间溢出效应。网络等级度为 0.154，表明江苏省能源生态效率空间关联网络中各城市不存在明显的等级性，在各个水平上的能源生态效率都有可能对其他城市产生溢出效应。网络效率的值等于 0.712，表示网络中重复的连线较少，各地级市间能源生态效率空间关联的多重叠加现象减弱，网络较不稳定。可见，江苏省能源生态效率的空间关联网络仍有较大的提升空间，整个网络尚未达到最优。

7.5.2　能源生态效率的中心性分析

江苏省能源生态效率空间关联网络的度数中心度、接近中心度、中间中心度见表 7-1，空间关联网络的溢出与接收关系见图 7-5，按中心度节点大小排序的网络图如图 7-6～图 7-8 所示。

表 7-1 2008～2020 年江苏省能源生态效率空间关联网络的中心性分析

城市	度数中心度				接近中心度		中间中心度	
	点出度	点入度	中心度	排序	中心度	排序	中心度	排序
南京	8	8	61.538	1	100.000	1	29.545	1
无锡	3	3	23.077	8	90.909	4	24.495	4
徐州	7	5	46.154	2	95.031	2	24.747	2
常州	3	5	30.769	6	93.927	3	24.621	3
苏州	5	3	30.769	7	80.089	9	2.146	7
南通	1	1	7.692	12	68.796	11	0.000	10
连云港	1	3	15.385	9	81.633	7	7.576	6
淮安	1	0	3.846	13	39.271	13	0.000	11
盐城	4	5	34.615	4	83.154	6	1.894	9
扬州	3	1	15.385	10	66.364	12	0.000	12
镇江	5	4	34.615	5	81.379	8	9.470	5
泰州	4	6	38.462	3	83.654	5	2.020	8
宿迁	1	2	11.538	11	75.235	10	0.000	13
平均值	3.538	3.538	27.219	—	79.957	—	9.732	—

如表 7-1 所示，江苏省各地级市的点出度、点入度、度数中心度的平均值分别为 3.538、3.538、27.219，排名前五的南京、徐州、泰州、盐城和镇江各项均超过了平均值，其中南京的度数中心度最高，为 61.538。由图 7-6 也可知南京度数中心度最高，在省内能源生态效率空间关联网络中居于中心，与其他城市的关系紧密。徐州、泰州、盐城、镇江、常州、苏州

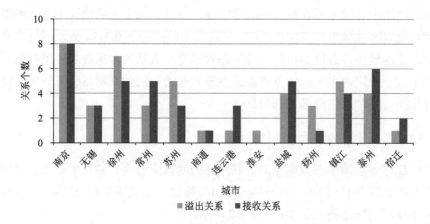

图 7-5 江苏省能源生态效率空间关联网络的溢出与接收关系

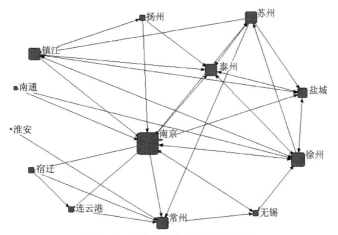

图 7-6　度数中心度对应的网络图

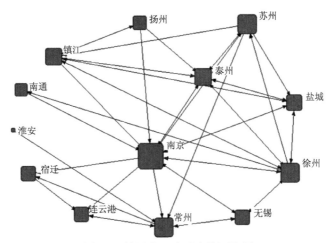

图 7-7　接近中心度对应的网络图

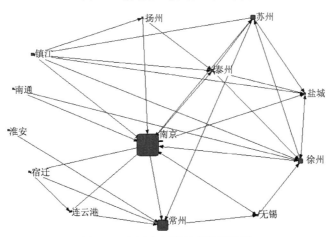

图 7-8　中间中心度对应的网络图

和无锡的度数中心度较高，说明这些城市与其他城市的能源生态效率的关联也较高。连云港、扬州、宿迁、南通和淮安的度数中心度较低，在整个网络中处于边缘地位。总体来看，苏南、苏中地区由于经济发展水平良好、交通便利及技术先进，在整个网络中与各地区间的联系较强，而以宿迁、淮安、连云港为代表的苏北地区，由于经济发展相对落后及地理位置偏远等因素，与省内其他地区能源生态效率的关联较弱。

从各地区的溢出与接收关系（图 7-5）来看，常州、连云港、盐城、泰州和宿迁总体是受益的，说明这些城市能源生态效率水平受其他地区的影响居多。徐州、苏州、扬州、淮安和镇江总体是溢出的，表明这些地区对其他地区能源生态效率的影响多于其他地区对自身的影响。南京、无锡和南通的溢出与接收关系持平，说明这些城市对其他城市的影响与其他城市对这些城市的影响相当。由此可见，总体溢出的城市能源生态效率水平都较高，但总体受益的城市能源生态效率水平参差不齐，泰州、宿迁和常州的能源生态效率水平较低，连云港和盐城相对较高。此外，南京、无锡作为能源生态效率水平较高的城市也并没有有效地发挥带动其他城市的作用。长期发展下去，省内能源生态效率的差距将有可能逐渐拉大，这是一个不容忽视的问题。

接近中心度均值达 79.957，其中最大值为 100.000，最小值为 39.271，整体差距较大。南京的接近中心度最高，表明在网络中南京与其他城市的关联较多，是网络中的中心行动者。徐州、常州和无锡的接近中心度也较高，在网络中与其他城市关联也较多。如图 7-7 所示，整个网络以南京为中心，关联性较高。原因在于南京作为江苏的省会城市，在省内的地位较高，与其他城市在政治、经济、文化等方面的往来也更为密切，与其他地区能源生态效率也会产生更多的相互影响。

中间中心度的均值为 9.732，其中最大值为 29.545，最小值为 0.000。如图 7-8 所示，南京的中间中心度最高，徐州、常州和无锡的中间中心度也较高。其他地区的中间中心度较低，尤其是南通、淮安、宿迁和扬州，中间中心度为 0.000，表明这些城市与其他城市的连通性较差，需着重加强与其他高水平地区的交流与协作。总的来看，南京在江苏省能源生态效率的空间关联网络中起到"桥梁"的作用，控制着其他城市能源生态效率关联关系的产生，而其他地区多处于从属地位。

7.5.3　能源生态效率的块模型分析

采用 UCINET 软件中的 CONCOR 模块，将最大分割深度设置为 2，集中度设置为 0.2，对江苏省能源生态效率的空间关联网络进行块模型分析。聚类结果如图 7-9 所示，第一板块的成员有南京、镇江和泰州，第二板块的成员有扬州、苏州、徐州、盐城和南通，第三板块的成员有连云港、无锡和淮安，第四板块的成员由常州和宿迁组成。可见，各个板块并无明显的地理划分，江苏省能源生态效率空间关联网络内的成员建立关联关系已不再受苏南、苏中、苏北这些地理划分的限制，这也证实了本章运用社会网络分析法的可取性。

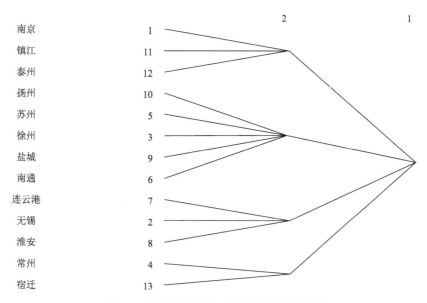

图 7-9　江苏省能源生态效率的聚类结果图

　　板块间的关联关系如表 7-2 所示，板块内总计有 10 条关联关系，占总关系数的 21.7%，板块间的关联关系达 36 条，占总关系数的 78.3%，说明板块间的溢出效应显著。其中，第一板块内部关系总数为 4 个，来自其他板块的溢出关系总数达 14 个，向其他板块发出的关系共 13 个，期望内部关系比例为 17%，小于实际的内部关系比例，应是"双向溢出"板块，此板块和"经纪人"板块相似，在网络中也起着中间人的作用。第二板块内部关系总计 5 个，有 10 个关系来自板块外部，向板块外发出关系数为 15 个，期望内部关系比例为 33%，高于实际内部关系比例，属于"净溢出"板块，在网络中以向其他板块溢出关系为主。第三板块内部关系共 0 个，收到的板块外关系数为 6 个，向板块外发出关系数为 5 个，期望内部关系比例为 17%，大于实际内部关系比例，属于"经纪人"板块。在这个板块的地区能源生态效率多数处于中上等水平，是各地区间连通的纽带。第四板块内部关系共 1 个，接收来自板块外的关系有 6 个，向板块外发出关系共 3 个，期望内部关系比例为 8%，低于实际内部关系比例，属于"净受益"板块，这个板块中的地区以接收其他板块的溢出关系为主。

表 7-2　2008～2020 年江苏省能源生态效率板块间的关联关系

板块	接收关系数		发出关系数		期望内部关系比例/%	实际内部关系比例/%	板块特征
	板块内	板块外	板块内	板块外			
板块一	4	14	4	13	17	24	"双向溢出"板块
板块二	5	10	5	15	33	25	"净溢出"板块
板块三	0	6	0	5	17	0	"经纪人"板块
板块四	1	6	1	3	8	25	"净受益"板块

为进一步分析各板块间的关联关系，运用 UCINET 软件求得板块间的密度矩阵。整个网络的密度等于 0.295，各板块的密度若高于 0.295，则赋值为 1，否则赋值为 0，由此得到各板块的像矩阵（表 7-3）。由表 7-3 可以清晰地看出各板块间的溢出效应，板块一和板块四内部的能源生态效率具有显著的关联性。同时，板块一主要向板块二、板块四溢出关系；板块二主要向板块一溢出关系；板块三主要向板块四溢出关系；板块四主要向板块三溢出关系。

表 7-3　江苏省能源生态效率板块间的密度矩阵和像矩阵

板块	密度矩阵				像矩阵			
	板块一	板块二	板块三	板块四	板块一	板块二	板块三	板块四
板块一	0.667	0.600	0.222	0.333	1	1	0	1
板块二	0.867	0.250	0.067	0.100	1	0	0	0
板块三	0.111	0.067	0.000	0.500	0	0	0	1
板块四	0.000	0.000	0.500	0.500	0	0	1	1

由此得出江苏省能源生态效率板块间具体的关联关系如图 7-10 所示。由图 7-10 可见，板块一、板块二及板块三内部成员间的能源生态效率关联关系较为紧密，尤其是板块一与板块二之间关联关系最多。而板块四内的成员与其他板块间的联系相对较少，对板块一和板块二没有溢出关系。整体来看，研究期间各板块间的关联关系都偏少，这表明各板块内地区的优

势并未得到充分的发挥，能源生态效率较高的城市并没有起到很好的带动与帮扶作用，而能源生态效率较低的城市也没有很好地吸收先进地区的经验与技术。因此，整个网络仍存在较大的提升空间，需要加强各板块间能源生态效率的联系，实现地区能源生态效率的协同提升。

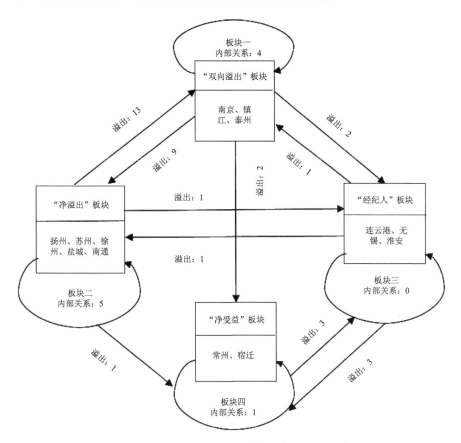

图 7-10　江苏省能源生态效率板块间相互关系

7.6　江苏能源生态效率空间关联的结果分析与启示

7.6.1　结果分析

本章通过上述对江苏省能源生态效率空间关联的实证研究，发现江苏省能源生态效率空间关联呈现如下特征。

（1）江苏省能源生态效率空间关联网络尚未达到最优状态。从整体网络特征来看，整个网络的关联性和稳定性都有待提高。从节点特征来看，不同城市并没有充分发挥自身作用。南京溢出与接收关系最高，与其他各城市联系较为紧密。但是，能源生态效率较高的南京、无锡这类城市并没有发挥有效的带动其余城市发展的作用。总体溢出的城市（如苏州和扬州）能源生态效率水平都较高，在带动其余城市提高能源生态效率水平方面发挥了较好的作用。在接收其余城市关系较多的地区中，既有能源生态效率水平较低的城市（如泰州和宿迁），又有能源生态效率水平较高的城市（如连云港），表明这些城市善于通过吸收借鉴其他地区的先进经验来提升自身的水平。这种现象也将导致原来能源生态效率较高的城市效率变得更高。长此以往，省内能源生态效率将呈两极化发展。因此，不仅需要加强地区间关联关系，更需充分发挥能源生态效率较高地区的带动作用，向落后地区输出先进的技术和经验等资源。对于能源生态效率较低的地区，也应积极引进先进地区的技术和经验，从而提高自身能源生态效率水平。

（2）江苏省能源生态效率空间关联网络呈不均匀分布，存在中心城市的集聚现象。南京居于整个网络的中心，度数中心度、接近中心度和中间中心度最高，在网络中与其他城市的距离最短，对信息和资源的掌控能力最强，是网络的中心行动者，而其他城市多位于网络的边缘。这与南京在江苏省内的政治地位十分相关，作为江苏省的省会城市，南京与其他地区在政治、经济、文化等方面的往来必然十分密切，与其他地区能源生态效率的空间关联也就更多，可见南京是江苏省提升能源生态效率一个不可忽视的关键城市，应采取措施充分发挥南京的带头作用。

（3）江苏省能源生态效率板块间的空间关联关系较少且分布不均。"净溢出"板块和"双向溢出"板块间关联关系较多，但这两个板块与其他板块间的关联关系较少，说明"净溢出"板块的引领作用与"双向溢出"板块的"中间人"作用未得到充分发挥。"经纪人"板块与其他板块的溢出与接收关系也较少。同时，"净受益"板块与其他板块联系较少，对"净溢出"板块和"双向溢出"板块不存在溢出关系。总的来看，板块间关联关系较少且关联关系分布不均匀，各板块及板块内成员的优势尚未得到充分发挥，因而整个网络仍然存在较大的提升空间。

7.6.2　启示

基于上述研究，本章从空间关联网络的整体特征、个体特征及板块特征三个角度得出以下启示，以提升江苏省整体的能源生态效率，促进整个网络的优化发展。

（1）优化能源生态效率的空间关联网络结构，创造更多的空间溢出效应。各地方政府应通过政治、经济等手段加强地区间能源生态效率的关联关系，创造更多的空间关联关系。特别是加强苏南与苏中、苏北地区间的联系，促进苏南先进技术经验、能源技术向苏中、苏北地区溢出，并不断优化苏中、苏北地区的产业结构和能源利用方式，从而缩小苏南与苏中、苏北地区间能源生态效率的发展差距，实现能源生态效率的协同发展。

（2）正确认识能源生态效率空间关联网络中的个体特征，发挥中心城市的榜样作用。依据节点中心性分析，南京处于整个网络的中心，具有较高的能源生态效率水平，但研究期间南京的溢出和接收关系持平，整体上并没有起到有效的带动作用，忽视了扩大自身影响力。因此，地方政府应发挥南京的榜样作用，带动无锡、苏州这类能源生态效率水平较高的地区对较落后地区的先进技术、经验的输出。同时，像连云港和盐城这类能源生态效率水平较高的城市却以接收关系为主，应鼓励这类地区在积极吸取其他地区先进经验的同时，加强自身先进经验的交流和传播，积极探索协同提升能源生态效率的有效措施。

（3）充分认识能源生态效率空间关联网络中各板块的特征，探索差异化的提升路径。对于"净受益"板块中水平较低的常州、宿迁这类城市，应鼓励其增强与先进地区的交流协作，并加强环境规制力度。"经纪人"板块中的成员（如连云港、无锡和淮安）能源生态效率水平较高，应在提升自身水平的前提下，增强这些地区的中介作用。"净溢出"板块中成员的能源生态效率水平较高，应增加对其他地区的溢出效应，同时也不应忽视自身能力的进一步提升。"双向溢出"板块中南京、镇江的能源生态效率水平较高，应进一步激发其空间溢出，发挥先进地区的带动作用；而对于水平较低的泰州，则应积极调整能源消费结构，向板块内外先进城市学习先进技术经验，把提升能源生态效率水平作为首要任务。

7.7　本章结论

地区间能源生态效率在区域协调发展战略下已呈现复杂的网络结构形态。本章的贡献在于运用社会网络分析法从网络化视角对江苏省能源生态效率的空间关联性进行全新角度的探究。这种方法相较于传统的空间分析技术，考虑了地理上不相邻地区间的关联关系，同时能更具体地展现各地区间及分板块间的关联关系，对空间关联性的解读更透彻。首先，本章对江苏省能源生态效率的空间差异特征进行分析；其次，利用 VAR 格兰杰因果检验测度了江苏省各地级市能源生态效率的空间关联关系；最后，运用社会网络分析对网络的整体特征、节点特征和板块间的关联及作用展开分析，较为全面地分析了江苏省能源生态效率空间关联网络的整体和个体特征，为区域能源生态效率的协同提升提供有效参考。通过研究，本章证实了江苏省能源生态效率存在着空间关联性，同时得出如下结论。

（1）江苏省各地区能源、经济、生态环境协调的差异性造成了区域能源生态效率的空间异质性。即使各地加强对生态文明建设的重视与投入，在短期内缩小了与发达地区的差距，后期各地区能源生态效率的差距仍会不断拉大，能源生态效率高的地区将更高，低的地区也就显得更低。这与各地区在经济、政治、文化等因素上的差异性密切相关。因此，需要加强地区间交流与协作，推动能源生态效率水平的协同提升。

（2）江苏省地区间能源生态效率呈复杂的空间关联网络形态。但区域间空间关联的紧密程度并不高，网络关联性和稳定性有待提升。网络中不存在明显的等级性，不同水平的能源生态效率都存在溢出现象。整个网络的效率较高，重复连线较少。整体来看，整个网络具有较好的连通性，但网络的作用并没有发挥到最优，各地区间的关联关系存在着分布不均的现象。苏南、苏中地区城市由于经济发达及交通便利等因素，在整个网络中与各地区间的联系较强，而以宿迁、淮安、连云港为代表的苏北地区由于经济发展相对落后及地理位置偏远等因素，在网络中处于弱势地区，与其他地区能源生态效率的关联较少。

（3）江苏省能源生态效率空间关联网络中板块间相互关联但作用程度不同。江苏省能源生态效率空间关联网络可划分为四个作用不同的板块："双向溢出"板块主要位于苏南和苏中地区，其成员既有能源生态效率水平较高的南京和镇江，也有较低的泰州；"净溢出"板块中的成员都是省内能源生态效率水平较高的地区，包括扬州、苏州、徐州、盐城和南通；"经纪人"板块主要位于苏北地区，在网络中担任"中介"作用，成员由连云港、无锡和淮安组成；"净受益"板块成员能源生态效率水平较低，在网络中以接收其他地区溢出关系为主，包括常州和宿迁。"双向溢出"板块、"净溢出"板块和"经纪人"板块联系较多，"净受益"板块与其他板块间联系不够紧密。由于各板块在网络中发挥的作用不同，尤其应重视"净溢出"板块的引领作用，它是整个网络中能源生态效率提升的动力来源。同时，也应加强"双向溢出"板块与"经纪人"板块的传递作用，从而充分发挥各板块的优势。

第8章　能源生态效率的收敛性

第7章对江苏省能源生态效率的空间关联进行了分析，可以看出各地级市间能源生态效率的发展差距呈扩大的趋势，且呈现复杂的空间关联网络形态。基于此，本章通过收敛模型对江苏全省及地区间能源生态效率的差异性进行评价，从而把握江苏全省及各地区能源生态效率水平的变化趋势，为制定差异化的能源生态效率提升对策提供参考。

8.1　引　　言

现阶段我国能源消费弹性和能源利用效率整体低于发达国家水平[228]，能源生态效率仍有较大的提升空间。江苏省是经济发达省份和能源消耗大省，对实现"双碳"目标有着重要影响。目前，江苏省区域间的能源生态效率存在显著差异，研究江苏省能源生态效率的收敛性，分析省内各地区间的差异是否会随着时间推移而逐渐减小，对于把握地区发展实际，采取有效措施提升地区能源生态效率水平，以及实现"双碳"目标有着重要意义。

在现有的能源生态效率测度研究中，许多学者研究了不同时空的能源生态效率水平的发展趋势和收敛特征。在分析方法上，现有研究主要采用空间计量模型[197]、面板单位根法[229]，以及 σ 收敛和 β 收敛方法[230, 231]。其中，σ 收敛和 β 收敛方法不仅能够体现不同地区效率水平的离差变化趋势，还能够体现其是否向同一稳态水平收敛，被广泛运用于收敛性分析。在研究对象上，包括多个国家[80]、单个国家[232,233]、各经济板块[230,234]及省市层面。其中，现有研究多集中在国家层面，且许多研究都证实了收敛性的存在，如张文彬和郝佳馨[217]分析了生态足迹视角下中国能源生态效率的空间收敛性，发现全国及八大区域能源生态效率均存在绝对 β 收敛和条件 β 收敛趋势。但研究对象具体到地级市层面的研究较少，有必要从更具体的层面进行深入分析。

因此，本章将研究视角聚焦在地市级层面，以江苏省为例展开研究，分别从 σ 收敛、绝对 β 收敛及条件 β 收敛三个角度对江苏省各地市能源生态效率差异变动趋势进行深入分析，对江苏省能源生态效率展开收敛性评价，并提出切实有效的指导建议。

8.2　收敛性的理论分析

收敛性分析的理论基础是新古典经济增长理论，它指出地区间的经济差距随着发展将不断缩小，呈收敛的趋势。国内外学者常用 σ 收敛和 β 收敛进行收敛性分析，其中 β 收敛又分为绝对 β 收敛和条件 β 收敛。σ 收敛和绝对 β 收敛都属于绝对收敛[235,236]。在现有的研究中，许多学者将 σ 收敛、绝对 β 收敛和条件 β 收敛方法运用到能源生态效率水平测度中[71,230,231]，证明了该方法运用于能源生态效率水平趋势变动分析的有效性和可行性。

σ 收敛能够体现区域能源生态效率的阶段性特征，能够反映各区域能源生态效率的敛散程度，通过观察区域内的 σ 值变动趋势，可以分析各区域内能源生态效率差距和变动趋势。能源生态效率绝对 β 收敛是指随着时间的延长，能源生态效率水平较低的地区对水平较高地区存在"追赶"的趋势，最终各地区的能源生态效率趋向相同，达到一个稳定值。根据绝对 β 收敛结果，可以分析各区域及各时期的能源生态效率的发展态势，研究不同地区的能源生态效率是否会趋于各自不同的稳态水平，以及在研究期的不同阶段能源生态效率收敛趋势是否会发生变化。能源生态效率的条件 β 收敛指的是各个区域的能源生态效率不仅取决于该区域研究期内的初期水平，还受到各区域差异的影响，并且最终会凭借自身特征收敛于一个稳定状态。通过条件 β 收敛的结果，可以得出在充分考虑各地区不同的发展情况下，不同地区及不同时期的能源生态效率是否最终会凭借自身特征收敛于各自的稳定状态。

8.3　研究方法与数据来源

8.3.1　收敛模型

1.σ 收敛模型

σ 收敛可以用来反映某地区偏离整体发展水平的差异的动态演化趋

势。本章用 σ 指数来研究能源生态效率的 σ 收敛，公式为

$$\sigma_t = \left\{ N^{-1} \sum_{i=1}^{N} \left[\mathrm{EEE}_i(t) - \left(N^{-1} \sum_{j=1}^{N} \mathrm{EEE}_j(t) \right) \right]^2 \right\}^{1/2} \tag{8-1}$$

式中，N 表示地级市的个数；$\mathrm{EEE}_i(t)$ 表示第 i 个地级市在 t 期的能源生态效率。若 $\sigma_{t+1} < \sigma_t$，表明区域的能源生态效率存在 σ 收敛；反之，则不存在。

2. 绝对 β 收敛模型

绝对 β 收敛指的是随着时间的推移，每个决策单元都趋向相同的稳态水平。换句话说，就是落后地区的能源生态效率可以通过较快的增长速度达到与先进地区相同的效率水平。绝对 β 收敛的模型为

$$\frac{\ln \mathrm{EEE}_{iT} - \ln \mathrm{EEE}_{i0}}{T} = \alpha + \beta \ln \mathrm{EEE}_{i0} + \varepsilon_{it} \tag{8-2}$$

式中，$\ln \mathrm{EEE}_{iT}$ 表示研究期第 i 个地级市能源生态效率的对数值；$\ln \mathrm{EEE}_{i0}$ 表示研究初期第 i 个地级市能源生态效率的对数值；T 为研究期与初期的时间跨度；α 为常数项；β 为系数；ε_{it} 为随机误差项。$\frac{\ln \mathrm{EEE}_{iT} - \ln \mathrm{EEE}_{i0}}{T}$ 表示第 i 个区域从第 t 期到第 $t+T$ 期的年均能源生态效率增长率，若 β 为负值且显著，那么存在绝对 β 收敛，表示不同区域的能源生态效率随着时间演变达到相同的稳态水平，存在落后地区对先进地区的追赶效应；反之，则不存在追赶效应。

绝对 β 收敛的速度 λ 可表示为

$$\beta = -\left(1 - \mathrm{e}^{-\lambda T}\right) \tag{8-3}$$

式中，T 为研究期与初期的时间跨度；β 为模型（8-2）中的参数。

3. 条件 β 收敛模型

在同一时期，江苏省内不同的地区在经济、文化、科技等方面存在各不相同的发展差异，苏南地区较为发达，苏中地区居中，苏北地区较为落后。因此，要想充分地研究收敛问题，就需要将有差异的外部环境因素考虑进来[237]。条件 β 收敛就是在充分考虑各地区不同的发展情况下，研究不同地区的能源生态效率是否会收敛于各自不同的稳态。条件 β 收敛的模型为

$$\frac{\ln \mathrm{EEE}_{it} - \ln \mathrm{EEE}_{i,t-1}}{T} = \alpha + \beta \ln \mathrm{EEE}_{i,t-1} + \varepsilon_t \tag{8-4}$$

条件 β 收敛的速度 λ 可表示为

$$\beta = -\left(1 - e^{-\lambda T}\right) \tag{8-5}$$

式中，$\ln EEE_{it}$ 表示第 t 个时间段第 i 个地级市能源生态效率均值的对数值；$\ln EEE_{i,t-1}$ 表示第 $t-1$ 个时间段第 i 个地级市能源生态效率均值的对数值；T 为两个时间段的时间跨度；α 为常数项；β 为系数；ε_t 为随机误差项。

为消除一些周期性因素的影响，本章把面板数据划分为 7 个时间段，2008～2019 年中相邻两年作为一个时间段，2020 年单独作为一个时间段，每个时间段间隔 2 年，即 T=2，同时用每个时间段的平均值作为变量值。

若 β 为负值且显著，那么存在条件 β 收敛，表示不同的地区由于地理环境、经济发展水平等因素的差异，其能源生态效率随着时间演变会达到各自不同的稳态水平，即承认先进地区与落后地区能源生态效率水平在研究期间存在发展差距。

8.3.2　数据来源

本章收敛性分析的数据来源于第 6 章运用基于非期望产出的超效率 SBM 模型求得的江苏省 13 个地级市 2008～2020 年的能源生态效率值。

8.4　江苏能源生态效率收敛的趋势

本章先通过趋势图直观展现江苏能源生态效率的变化情况。具体是以研究初期 2008 年的能源生态效率值（$\ln EEE_{2008}$）为横轴，以江苏省 2008～2020 年能源生态效率的年均增长率 [$\ln(EEE_{2008}/EEE_{2020})/12$] 为纵轴，得到散点图（图 8-1）；再将整个研究期按"十一五""十二五""十三五"发展阶段划分为 2008～2010 年、2011～2015 年、2016～2020 年三个时间段，分别以 2008 年能源生态效率值（$\ln EEE_{2008}$）、2011 年能源生态效率值（$\ln EEE_{2011}$）、2016 年能源生态效率值（$\ln EEE_{2016}$）为横轴，以江苏省 2008～2010 年能源生态效率的年均增长率 [$\ln(EEE_{2008}/EEE_{2010})/2$]、2011～2015 年能源生态效率的年均增长率 [$\ln(EEE_{2011}/EEE_{2015})/4$]、2016～2020 年能源生态效率的年均增长率 [$\ln(EEE_{2016}/EEE_{2020})/4$] 为纵轴，得到散点图（图 8-2～图 8-4）。

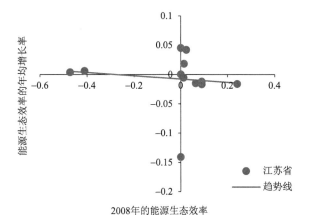

图 8-1　江苏省 2008～2020 年能源生态效率的收敛特征

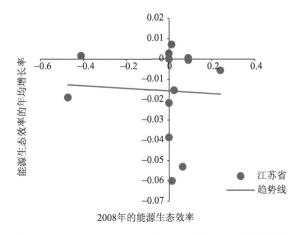

图 8-2　江苏省 2008～2010 年能源生态效率的收敛特征

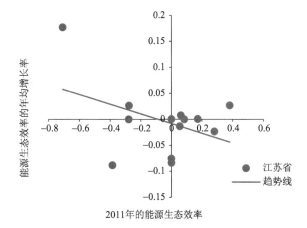

图 8-3　江苏省 2011～2015 年能源生态效率的收敛特征

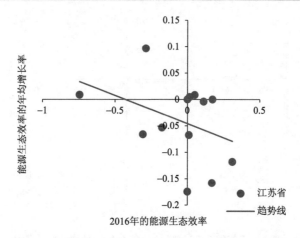

图 8-4　江苏省 2016～2020 年能源生态效率的收敛特征

　　通过观察发现，整个研究期内江苏全省能源生态效率的增长率与其初始水平呈负相关关系，2008～2010 年、2011～2015 年、2016～2020 年三个研究区间内江苏全省能源生态效率的增长率也分别与其初始水平呈负相关关系，这意味着初期能源生态效率水平较高的地区后期增长速度较慢，而初期能源生态效率水平较低的地区拥有较高的增长速度。可见，江苏省的能源生态效率无论在整个研究期内，还是在研究期的三个分区间内，都存在收敛的趋势。

8.5　江苏能源生态效率的收敛性分析

　　本章分别从 σ 收敛、绝对 β 收敛及条件 β 收敛三个角度对江苏省能源生态效率差异变动趋势进行深入分析。

8.5.1　能源生态效率的 σ 收敛

　　根据式（8-1），本章分别计算了 2008～2020 年江苏全省、苏南、苏中和苏北地区能源生态效率收敛的 σ 值，并绘制了收敛趋势图（图 8-5）。
　　由图 8-5 可知，江苏省全省，以及苏南、苏中和苏北地区的 σ 收敛指数总体呈先波动上升后波动下降再波动上升的趋势，不存在整个研究期的 σ 收敛，但存在阶段性的 σ 收敛。具体来说，江苏全省能源生态效率的 σ 值在 2008～2012 年呈波动上升趋势，2012～2018 年呈不断下降趋势，2018～2020 年呈微上升趋势。这说明 2008～2012 年江苏全省能源生态效

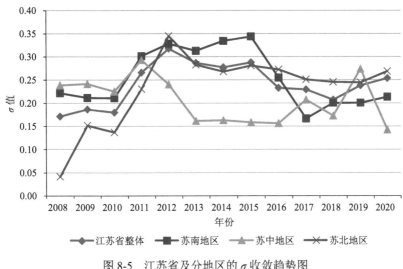

图 8-5 江苏省及分地区的 σ 收敛趋势图

率的差距在不断扩大，不存在 σ 收敛，而 2012～2018 年整体的能源生态效率差距不断缩小，存在 σ 收敛，2018～2020 年江苏全省的能源生态效率差距稍微扩大，不存在 σ 收敛。苏南地区能源生态效率的 σ 值在 2008～2015 年整体上呈波动上升趋势，2015～2017 年呈大幅度下降趋势，2017～2020 年再次呈微微上升趋势，说明苏南地区前期能源生态效率不存在 σ 收敛，中期存在 σ 收敛，后期不存在 σ 收敛。苏中地区能源生态效率的 σ 值在 2008～2011 年呈波动上升趋势，2011～2016 年呈不断下降趋势，2016～2020 年呈上下波动趋势，说明 2008～2011 年苏中地区能源生态效率差距不断扩大，不存在 σ 收敛；2011～2016 年苏中各地差距不断缩小，存在 σ 收敛；2016～2020 年中各年的能源生态效率差距不断波动，不存在持续的 σ 收敛。苏北地区 2008～2012 年能源生态效率的 σ 值呈波动上升趋势，2012～2019 年呈不断下降趋势，2019～2020 年呈微微上升趋势，说明苏北地区 2008～2012 年能源生态效率差距不断扩大，不存在 σ 收敛；2012～2018 年差距又在不断缩小，存在 σ 收敛；2019～2020 年差距略微扩大，不存在 σ 收敛。

总的来说，江苏全省、苏南和苏北地区收敛趋势相同，2012 年和 2018 年是 σ 值变动的分水岭，2008～2012 年这些地区能源生态效率几乎都不存在 σ 收敛，各地区能源生态效率的差距都在不断拉大；2012～2018 年这些地区能源生态效率几乎都存在 σ 收敛，且差距不断缩小；2018～2020 年大部分地区 σ 值都呈现微微上升或者不断波动的趋势，不存在持续的 σ 收敛，差距略微加大。苏中地区略有不同，2011 年之前地区能源生态效率不存在

σ 收敛,2011～2016 年存在 σ 收敛,但 2016～2020 年不存在持续的 σ 收敛。

可见 2012 年、2018 年是江苏省及各地区能源生态效率变动的时间节点,2012 年后各地区能源生态效率的差距都在缩小,整体水平不断提高。这主要是由于国家政策的影响。2012 年党的十八大指出"把生态文明建设放在突出地位"。此后为响应国家号召,各地政府都开始加强对生态环境的保护,加大技术研发投入,从而使各地能源生态效率水平有了提升。到 2018 年,能源生态效率发展到达了新的阶段,各地区能源生态效率的差距又呈缓慢扩大趋势。

8.5.2　能源生态效率的绝对 β 收敛

根据式(8-2),本章对江苏及分地区(苏南、苏中和苏北)的能源生态效率进行绝对 β 收敛检验,结果如表 8-1 所示。本章根据"十一五"(2006～2010 年)、"十二五"(2011～2015 年)、"十三五"(2016～2020 年)发展阶段,将研究期划分为 2008～2010 年、2011～2015 年、2016～2020 年三个时间段进行了相应检验,结果如表 8-2 所示。

表 8-1　江苏全省及分地区能源生态效率的绝对 β 收敛结果

项目	江苏	苏南	苏中	苏北
常数项 α	0.0467	0.0630	0.0637	−0.1140
	(1.78)	(2.64)	(2.23)	(−0.45)
系数 β	−0.0582**	−0.0564**	−0.0843**	0.0852
	(−2.22)	(−2.45)	(−2.70)	(0.34)
R^2	0.0311	0.0939	0.1767	0.0020
λ	0.06	0.0581	0.0881	−0.0818

注:括号内为 t 统计量;**代表 5%的显著性水平。

表 8-2　分时期江苏省能源生态效率的绝对 β 收敛结果

项目	2008～2010 年	2011～2015 年	2016～2020 年
常数项 α	0.0198	0.0699	0.0342
	(0.20)	(1.50)	(1.68)
系数 β	−0.0371	−0.0827*	−0.0422**
	(−0.38)	(−1.78)	(−2.07)
R^2	0.0061	0.0479	0.0639
λ	0.0378	0.0863	0.0431

注:括号内为 t 统计量;**、*分别代表 5%和 10%的显著性水平。

表 8-1 给出了江苏全省及苏南、苏中、苏北地区的绝对 β 收敛检验结果。从江苏全省层面看，其收敛系数为-0.0582，在 5%的水平下通过了显著性检验，这说明江苏省初始时期能源生态效率水平与其增长率成反比，江苏省能源生态效率整体上呈现出绝对 β 收敛，能源生态效率趋于一个稳定水平。从江苏省内部各地区层面看，2008~2020 年只有苏北地区不存在绝对 β 收敛，且苏北地区的绝对收敛系数为正数，说明在研究期内苏北地区的能源生态效率不趋于相同的稳态水平，且有发散的趋势；苏南地区收敛系数为-0.0564，苏中地区收敛系数为-0.0843，均在 5%的水平下通过了显著性检验，苏南地区和苏中地区能源生态效率均呈现绝对 β 收敛，能源生态效率分别趋向相同的稳态水平，表明苏南和苏中地区内能源生态效率较低的城市均对能源生态效率水平较高的城市有"追赶"效应。

从收敛速度来看，江苏全省、苏南、苏中和苏北的收敛速度分别为 6%、5.81%、8.81%和-8.18%，可见苏中地区收敛速度最快，收敛趋势较明显；江苏全省和苏南地区收敛速度低于苏中地区，收敛趋势不明显；苏北地区为负向收敛，呈发散趋势。

总体而言，江苏全省、苏南和苏中地区均存在落后地区对先进地区的追赶趋势，能源生态效率的差距在不断缩小，但收敛速度较慢，仍有待提升。苏北地区不存在绝对 β 收敛，且能源生态效率的差距有进一步扩大的趋势，需要重点关注。可见，江苏省各地区能源生态效率水平参差不齐，能源生态效率协调发展有进一步提升的空间，需要采取措施缩小各地区差距，以实现整个区域能源生态效率水平的协同提升。

由表 8-2 可知，2008~2010 年江苏省能源生态效率的收敛系数为-0.0371，没有通过显著性检验，不存在明显的绝对 β 收敛；2011~2015 年江苏省能源生态效率的收敛系数为-0.0827，在 10%的水平下通过了显著性检验；2016~2020 年江苏省能源生态效率的收敛系数为-0.0422，在 5%的水平下通过了显著性检验。这说明 2008~2010 年江苏各地能源生态效率的收敛趋势不显著，2011~2015 年和 2016~2020 年江苏全省能源生态效率均存在绝对 β 收敛，"十三五"期间与"十二五"期间的绝对 β 收敛程度相比，显著性提高。

从收敛速度来看，2008~2010 年收敛速度为 3.78%，2011~2015 年收敛速度为 8.63%，2016~2020 年收敛速度为 4.31%，"十二五"期间收敛速度最快，其次是"十三五"期间，表明江苏省能源生态效率正以一定的速度收敛于同一稳态水平，这与国家的生态环境保护政策的实施息息相关。

总之，江苏省能源生态效率在整个研究期存在绝对 β 收敛，在研究期的后两个阶段也存在绝对 β 收敛，表明在"十二五"和"十三五"期间，江苏省能源生态效率较低的城市与较高的城市之间能源生态效率水平差距在减小。

8.5.3　能源生态效率的条件 β 收敛

现有文献对条件 β 收敛检验的方法有两种：一是在绝对 β 收敛回归模型中加入部分能影响研究对象的解释变量，在控制这些变量的基础上进行检验[238-240]；二是采用面板数据固定效应模型[241, 242]。本章采用面板数据固定效应模型进行条件 β 收敛检验，它的优势主要体现在：①不需要加入解释变量，避免了选择变量的主观性与不完全性；②能避免变量过多带来的多重共线性问题[243]。

表 8-3 给出了运用面板数据的固定效应（FE）和随机效应（RE）对江苏及苏南、苏中和苏北地区的能源生态效率进行条件 β 收敛的结果，并运用 Hausman 检验来判断应该选择固定效应还是随机效应模型。同时，考虑到既可以用双向固定效应控制年度效应，又可以用固定效应消除部分内生性的优点，表 8-4 给出了双向固定效应下的条件 β 收敛结果。

表 8-3　江苏省及分地区能源生态效率的条件 β 收敛结果

项目	江苏		苏南		苏中		苏北	
	FE	RE	FE	RE	FE	RE	FE	RE
常数项	−0.0365***	−0.0120*	0.0025	−0.0006	−0.0958**	−0.0767**	−0.0534***	−0.0250
	(−3.48)	(−1.92)	(0.22)	(−0.06)	(−2.43)	(−2.28)	(−2.88)	(−1.30)
系数	−0.3279***	−0.0807**	−0.1835*	−0.0663	−0.3841**	−0.2717**	−0.3672***	−0.0797
	(−4.77)	(−1.99)	(−1.80)	(−1.39)	(−2.20)	(−2.08)	(−3.64)	(−1.19)
R^2	0.2626	0.2626	0.1189	0.1189	0.2573	0.2573	0.3552	0.3552
Hausman 检验	19.86		1.69		0.95		14.52	
P 值	0		0.1937		0.3296		0.0001	
λ	0.3973	0.0841	0.2027	0.0686	0.4847	0.3170	0.4576	0.0831

注：括号内为 t 统计量；***、**、*分别代表 1%、5%和 10%的显著性水平。

表 8-4　江苏省及分地区能源生态效率双向固定效应下的条件 β 收敛

项目	江苏	苏南	苏中	苏北
常数项 α	0.0824*	0.0337	−0.0463	0.0249
	（1.99）	（0.82）	（−0.66）	（0.50）
系数 β	−0.3395***	−0.1793	−0.4461**	−0.3569***
	（−4.99）	（−1.58）	（−2.61）	（−3.09）
R^2	0.3880	0.2152	0.5783	0.5131
λ	0.4148	0.1976	0.5908	0.4415

注：括号内为 t 统计量；***、**、*分别代表1%、5%和10%的显著性水平。

与绝对 β 收敛一致，本章根据"十一五"后三年，以及"十二五""十三五"发展阶段，对 2008~2010 年、2011~2015 年和 2016~2020 年三个时间段分别运用固定效应和随机效应进行条件 β 收敛检验（表 8-5）。

表 8-5　分时期江苏省能源生态效率的条件 β 收敛结果

项目	FE			RE		
	2008~2010 年	2011~2015 年	2016~2020 年	2008~2010 年	2011~2015 年	2016~2020 年
常数项 α	−0.0286	−0.0363	−0.0708	−0.0187	0.0004	−0.0453
	（−1.17）	（−2.53）	（−3.24）	（−0.94）	（0.02）	（−2.11）
系数 β	−0.3112	−0.5739***	−0.4012*	−0.0491	−0.1472**	−0.0692
	（−0.70）	（−4.87）	（−2.11）	（−0.51）	（−2.53）	（−0.86）
R^2	0.0396	0.6636	0.2706	0.0396	0.6636	0.2706
Hausman 检验	0.37	17.29	3.72	0.37	17.29	3.72
P 值	0.5440	0	0.0539	0.5440	0	0.0539
λ	0.3728	0.8531	0.5128	0.0503	0.1592	0.0717

注：括号内为 t 统计量；***、**、*分别代表1%、5%和10%的显著性水平。

1. 江苏省各地市的条件 β 收敛分析

由表 8-3 的 Hausman 检验可见，江苏全省和苏北地区对应的 P 值都小于 0.10，拒绝原假设，因此应采用固定效应的估计结果；而苏南和苏中地区对应的 P 值大于 0.10，没有拒绝原假设，应采用随机效应的估计结果。从江苏全省、苏中和苏北地区的系数显著为负可以看出，江苏全省、苏中和苏北地区均在条件 β 收敛，能源生态效率水平最终都会趋向各自的稳态水平；苏南地区的系数虽然为负，但是随机效应没有通过显著性检验，因此在固定效应下不存在条件 β 收敛。

从收敛速度来看，江苏全省、苏南、苏中和苏北地区的收敛速度分别为 39.73%、6.86%、31.7% 和 45.76%，苏北地区和苏中地区收敛速度均较快，苏南地区收敛速度缓慢。苏北地区在江苏省内较落后，短期内整体能源生态效率的提升比较容易，见效快，因而收敛速度最快。苏中地区能源生态效率已有显著提升，想要实现进一步提升较为困难，必须依靠技术进步、产业结构优化升级等措施，因而收敛速度排在第二位。苏南地区经济较为发达，多数城市能源生态效率水平较高，提升难度大，只能依靠少数能源生态效率水平较低的城市来提高，因而收敛速度较为缓慢。

总体来看，江苏全省、苏中和苏北地区都以较快速度向其各自的稳态收敛，但当能源生态效率水平提高到一定的阶段时，想要进一步提升比较困难，需要从技术手段、产业结构、制度创新等多方面进行推动，进而加快地区的收敛速度。苏南地区能源生态效率在固定效应下不存在条件 β 收敛，需要重点关注该地区能源生态效率水平较低的城市，使其向能源生态效率水平较高的城市靠拢。

由表 8-4 双向固定效应下的收敛结果可知，江苏全省、苏中和苏北地区存在条件 β 收敛，苏南地区在双向固定效应下不存在条件 β 收敛，且苏中地区和苏北地区收敛速度较快，苏南地区收敛速度最慢。这与表 8-3 所得结论一致，进一步验证了表 8-3 中固定效应和随机效应结果的准确性。

2. 江苏省分阶段的条件 β 收敛分析

由表 8-5 的 Hausman 检验可见，2008～2010 年的 P 值大于 0.10，不拒绝原假设，应选择随机效应的估计结果，即江苏省能源生态效率的收敛系数为负但不显著；2011～2015 年、2016～2020 年两个阶段 P 值均小于 0.10，拒绝原假设，应选择固定效应的估计结果，即江苏省能源生态效率的收敛系数显著为负，说明在"十二五"和"十三五"期间均存在条件 β 收敛，各地区都在向各自的稳态水平不断收敛，"十二五"期间的收敛趋势非常明显，"十三五"期间收敛系数的显著性降低。

从收敛速度来看，2008～2010 年收敛速度为 5.03%，2011～2015 年收敛速度为 85.31%，2016～2020 年收敛速度为 51.28%。可以看出，"十二五"时期收敛速度最快，"十三五"时期收敛速度下降，这和绝对 β 收敛分析结果一致。

在固定效应下 2008～2010 年江苏省能源生态效率系数为负但不显著，说明此阶段不存在明显的条件 β 收敛，可见第一阶段（2008～2010 年）江苏省各地区能源生态效率水平差距过大，处于波动之中，因而收敛趋势不明显；第二阶段（2011～2015 年）呈现非常显著的条件 β 收敛，各地区都在向各自的稳态水平不断收敛，且收敛速度显著提高；第三阶段（2016～2020 年）依然存在显著的条件 β 收敛，各地区仍然在向各自的稳态水平不断收敛，但显著性下降，收敛速度降低。由此可知，江苏省能源生态效率收敛速度先上升后下降，主要原因可能是《江苏省"十二五"能源发展规划》中提出，实施能源消费强度和消费总量双控制，强化节能优先战略，且党的十八大后更是把推进生态文明建设放在了突出的位置，对资源和环境保护的力度大大加强。江苏省也在积极贯彻落实生态文明建设理念，增加技术研发投入、鼓励清洁生产等一系列措施的实施，大大推动了省内各地区能源生态效率水平的提升，促进了能源生态效率朝共同的稳态水平发展。因此，"十二五"期间，江苏省的能源生态效率得到大幅提升，收敛速度加快，各个城市以较快的收敛速度向同一稳态水平收敛，各城市的能源生态效率达到了较高且稳定的水平，而到了"十三五"时期，江苏省的各个城市能源生态效率再提升难度加大，显著性降低，收敛速度放缓。

8.6　江苏能源生态效率收敛性的结果分析与启示

8.6.1　结果分析

（1）江苏全省、苏南、苏中和苏北地区在 2008～2020 年整个研究期内不存在 σ 收敛，但存在阶段性的 σ 收敛。江苏省及其分地区能源生态效率水平存在三个明显的阶段。2012 年之前各地区能源生态效率差距不断扩大，原因在于各地区发展程度不同，拥有优势资源的苏南地区发展较快，而苏中、苏北地区各方面较为落后，因而省内能源生态效率水平差距不断扩大。2012～2018 年，省内各地区能源生态效率水平开始有明显的收敛趋势，各地区差距不断缩小，整体水平大大提升。这种显著的变化主要是由于国家政策的引导，2012 年后生态文明建设成为国家发展的重心，各地区在发展经济的同时对生态环境的保护力度大大加强，也更加注重技术创新，推行清洁生产，使各地区能源生态效率水平都有显著的提升。2018 年之后，部分地区的 σ 值略微增加，不存在 σ 收敛，说明其能源生态效率水平已达较稳定水平，正处于关键时期，如果没有新兴技术的研发和支持，后期能源生态效率水平进一步提升的难度较大，可见未来的能源生态效率发展将面临新的挑战。

（2）江苏全省能源生态效率在整个研究期内存在绝对β收敛。根据"十一五""十二五""十三五"发展阶段将研究期分为三个时间段进行讨论，2010年以前江苏省能源生态效率不存在绝对β收敛，"十二五"（2011～2015年）和"十三五"（2016～2020年）期间均存在绝对β收敛，有明显的收敛趋势，整体能源生态效率水平得到显著提升。但分地区来看，各地区的差距在一定时期内依然存在。苏北地区不存在绝对β收敛，甚至有轻微的发散趋势，说明苏北地区各城市由于制度、资金、技术、人才等的差异，内部差距有扩大的趋势；苏南和苏中地区存在绝对β收敛，表现出能源生态效率水平较低的城市对水平较高的城市的"追赶"效应，表明其近年来对生态环境建设和保护的力度加大，在发展过程中更加注重环境效益和经济效益的兼得，而且其经济、环境条件也较好，因而在短期内实现整个区域的提升难度不大。

（3）在整个研究期内江苏全省能源生态效率存在条件β收敛，且条件β收敛速度大于绝对β收敛速度。分地区来看，苏中和苏北地区存在条件β收敛，苏南地区不存在条件β收敛，各地区收敛速度不尽相同，说明在充分考虑各地区不同的发展情况下，研究期内江苏全省、苏中和苏北地区能源生态效率水平都在向其各自的稳态水平收敛，能源生态效率水平地区差距依然存在。各地区收敛速度存在差异，苏北地区高于苏中地区，苏南地区收敛速度最慢。原因可能是苏北地区各城市在研究期内能源生态效率水平较低，可以通过吸收借鉴先进地区的技术经验在短期内快速提升，收敛速度最快；苏中地区能源生态效率水平不高，收敛速度也较快；由绝对β收敛分析可知，苏南地区能源生态效率在研究期内达到了整体的提升，因而在现有的资源条件下，苏南地区能源生态效率需要通过技术创新、加强与外部的交流沟通来实现进一步突破，收敛难度较大，没有呈现出显著的收敛趋势。

8.6.2　启示

（1）出台和完善相关政策法规，发挥国家政策的指导作用。从绝对收敛和条件收敛的分析中都可以看出国家政策的倾斜对能源生态效率的收敛有显著的影响。国家重视对生态环境的保护，各地区在发展经济的同时也会更加注重环境影响，从而推动能源生态效率的收敛。首先，国家应在整体层面出台相关促进资源节约和环境保护的政策,指导各地方政府的工作。其次,各地方政府应该针对较落后地区实施相关倾斜政策、补偿措施等,以江苏省为例,苏中和苏北地区能源生态效率水平较为落后,地方政府应针对苏中和苏北地区出台有效的补贴、激励政策,促进地区能源生态效率水平的提升。最后,政府应打破区域间的合作壁垒,采取措施引导苏南地区加强对苏中和苏北地区技术、专利、资金、人才等的输入,实现资源的共享。

（2）加强地区间交流合作,以能源生态效率高效区带动低效区发展。江苏省能源生态效率存在明显的区域差异,苏南地区水平最高,苏北地区其次,苏中地区位于最后。首先,应提供充分的合作环境,推动地区间的交流合作,如定期举办地区内政府、企业、高校间的交流座谈,推广先进的理念和技术。其次,积极引导能源生态效率高效区向邻近的低效区宣传先进的技术、经验,辐射带动周边城市的发展。最后,可以建立一个网上合作交流平台,通过平台上先进的节能技术、经验资源的共享,推动各地区能源生态效率水平的共同提升。

（3）因地制宜,根据各地区实际情况制定有针对性的提升对策。江苏省各地区由于经济基础、资源条件的差异,能源生态效率的发展水平和收敛情况各不相同。首先,对于资源充足、经济发达的地区而言,寻求技术突破,注重可持续发展是关键,如苏南地区能源生态效率已达较高水平,收敛速度开始放缓,应该加大科技研发投入,实现技术创新。其次,对于资源相对欠缺、经济发展水平较高的地区,如苏中地区,在实现能源生态效率的较快提升后,局限于现有的资源无法进一步发展,应加强与外部的能源技术交流合作,引入先进的管理经验和技术。最后,对于资源缺乏、经济发展水平较低的地区,如苏北地区,应给予其充分的资金、技术、人才等的支持,鼓励其加强交流合作,吸收先进经验,实现资源环境可持续发展。

8.7　本章结论

现有对能源生态效率收敛性的研究多集中在省际层面,本章的贡献在于将研究视角聚焦在地市级层面,对江苏省及内部各区域能源生态效率展开研究,分地区、分阶段地描述了江苏全省及各区域能源生态效率的收敛趋势,为统筹地区经济高质量发展、环境保护和节能减排的协同推进提供政策建议。本章通过对江苏省能源生态效率进行 σ 收敛、绝对 β 收敛和条件 β 收敛分析，得出如下结论。

（1）σ 收敛分析表明，2012 年和 2018 年是江苏省及内部区域能源生态效率 σ 收敛的转折点。2012 年以前江苏省及其分地区能源生态效率水平发展差距逐渐拉大，不存在 σ 收敛；2012 年后由于国家政策的引导，江苏省及省内各地区呈现明显的 σ 收敛，差距不断缩小，整体水平得到提升；2018 年之后，各地区能源生态效率水平差距再次扩大，不存在 σ 收敛。

（2）绝对 β 收敛分析表明，2010 年以前江苏全省能源生态效率不存在绝对 β 收敛，"十二五"和"十三五"期间存在绝对 β 收敛，且"十二五"期间江苏全省能源生态效率收敛速度最快；分地区来看，江苏全省、苏南和苏中地区在整个研究期内均存在绝对 β 收敛，能源生态效率水平收敛于各自的稳态水平，苏北地区不存在绝对 β 收敛，且呈微微发散的趋势，需重点关注。

（3）条件 β 收敛分析表明，在充分考虑各地发展水平的条件下，2010 年以前江苏全省能源生态效率不存在条件 β 收敛，2010 年之后存在条件 β 收敛，且"十二五"期间能源生态效率收敛速度最快，与绝对 β 收敛分析结果一致；分地区来看，江苏全省、苏中和苏北地区在整个研究期内存在条件 β 收敛，意味着各地区的能源生态效率随着时间推移最终会根据自身的特点收敛于各自的稳态水平，苏南地区能源生态效率已达较高水平，在整个研究期内没有呈现出显著的条件 β 收敛特征。

第9章 能源生态效率的影响机制

第 7 章和第 8 章对江苏省能源生态效率的空间关联性和收敛性进行了评价，发现了各地区能源生态效率的空间关联性及发展差距的变化趋势。那么哪些因素会对江苏省能源生态效率产生影响？这些因素又是怎样影响的？这些影响因素的具体作用途径又是什么？本章将采用 Malmquist-Luenberger 指数和计量模型深入探究其影响机制，从而寻求具体的提升路径。

9.1 引 言

提高能源生态效率是应对气候变暖、环境污染、经济发展减缓等问题的重要举措，是实现经济发展从高能耗、高碳、高污染向低能耗、低碳、低污染转变的关键。江苏省作为我国能源消耗的大省，要承担起提高能源生态效率的重任。因此，探究江苏省能源生态效率的影响机制，从中找寻合理办法以提高其能源生态效率势在必行。

现有对能源生态效率影响机制的研究成果颇丰。能源生态效率影响因素众多，比如有研究得出经济发展水平、对外开放程度、环境规制等均与能源生态效率有负相关关系[68]，但不同的是，有学者认为环境规制正向影响当地能源生态效率，却不利于毗邻地区能源生态效率的改善[202]；在经济发展层面，财政分权促进能源生态效率发展，而经济竞争的影响作用却与其相反[67]。可见，不同学者对能源生态效率影响因素的研究结果存在差异，这主要是因为研究方法不同，目前有少部分学者采用 Tobit 模型对能源生态效率影响机制进行研究[244-246]，其余大部分学者则采用空间计量模型，研究重点集中在经济发展水平[247]、产业结构[248]、政府干预[249]等方面，涵盖面较广。但这些文献大都缺少影响因素对能源生态效率作用途径的研究，并且对影响因素背后的机制缺乏探讨。此外，在研究尺度上，大多数学者选择从国家[250]、省际[251-253]和行业[68,81]层面研究能源生态效率，多采用省际层面的数据，而较少用地市级层面的数据，因此很难针对省内各区域给出切实可行的建议。

基于上述分析，本章以江苏省为例，采用 Malmquist-Luenberger 指数测算江苏省整体及其各区域的能源生态效率、分解项技术效率和技术进步，分析能源生态效率及其分解项的动态演进特征，并通过计量模型定量研究江苏省能源生态效率的影响因素，同时探究各区域能源生态效率影响机制的差异性，深入挖掘各影响因素的影响机理，从而为江苏省各区域寻求差异化的能源生态效率提升路径提供参考。

9.2　能源生态效率影响机制的理论分析

能源生态效率指在促进经济增长的同时，力求以最小的能源消耗和环境污染带来最大的经济效益[85]。其影响因素一般可分为两类：一是行业内部因素，如行业内部组织、管理、控制等方面水平的提高，均会促进效率的提升[254]，但能源生态效率的提升本质上依赖于行业技术进步[255]，基于资源禀赋的行业比较优势主要通过优化资源配置效率来促进纯效率变化，其动态性也会产生技术进步需求[256]。但由于能源"回弹"效应的存在，技术进步对能源生态效率的积极影响可能会被由此引发的其他效应抵消[257]。另外，各地区行业规模的不同也会使生态效率产生差异[258]。二是外部环境因素，有学者认为能源生态效率的演变发展受到多种因素的联合影响，如环境治理投入、产业结构中第三产业比重、技术创新等对能源生态效率起促进作用，对外开放程度、能源结构调整却对其起抑制作用[259-261]。经济发展水平对能源生态效率具有双向影响[197]，当地区经济发展处于较高水平，产业结构趋于合理化时，会促进清洁高效能源的使用，提升生态效率[262]，但一个地区经济增长若以高能耗为代价，会存在能源浪费等问题，从而降低能源生态效率[251]。

由此可见，较多学者关注不同因素对能源生态效率的影响，主要体现在技术、经济、结构等方面。在对能源生态效率进行测算的前提下，大多数学者只探究某一或较少因素对能源生态效率的影响作用，结果存在显著差异，影响因素的系统性也有待提高，且由于不同地区发展状况存在差异，单一因素对能源生态效率的影响效果不同，很难找出广泛适合所有地区的能源生态效率提升方案。因此，本章综合考量技术、经济、结构等多方面因素，构建更加系统科学的影响因素体系，选择经济发展水平、技术水平、城镇化水平、产业结构、对外开放程度作为变量，探究其对能源生态效率的影响效应，以期为江苏各区域寻找适合自身的能源生态效率提升方案。

9.3　研究方法与数据来源

9.3.1　Malmquist-Luenberger 指数

ML 指数的理论基础是环境技术可行性集和方向性距离函数理论[263]。目前学术界常用 Malmquist 指数（M 指数）和 Malmquist-Luenberger 指数（ML 指数）对能源生态效率进行动态评价与分解测度，但 Malmquist 指数无法考虑非期望产出的影响，而 Malmquist-Luenberger 指数不仅能测算期望产出，还能考虑由环境污染带来的非期望产出，当在产出指标中存在非期望产出时选择 ML 指数更加合适[264]。其运算步骤为：①运用 DEA 模型构造出环境约束下的生产前沿；②运用方向距离函数算出每个决策单元与生产前沿面的距离；③运用方向性距离函数和混合方向距离函数测算两个时期的 ML 指数。

假设 t 时期第 n 个决策单元的投入产出为（$x_{nt}, y_{nt}, z_{nt}; \eta_{nt}$），则基于 ML 指数的线性规划方程如下：

$$\boldsymbol{D}_t(x_{nt}, y_{nt}, z_{nt}; \eta_{nt}) = \max \beta \qquad (9\text{-}1)$$

$$\text{s.t.} \sum_{n=1}^{N} a_n^t x_{nh}^t \leqslant (1-\beta) x_{nh}^t, h=1, 2, \cdots, H$$

$$\sum_{n=1}^{N} a_n^t y_{nm}^t \geqslant (1+\beta) y_{nm}^t, m=1, 2, \cdots, M$$

$$\sum_{n=1}^{N} a_n^t z_{ns}^t = (1-\beta) z_{ns}^t, s=1, 2, \cdots, S$$

$$a_n^t \geqslant 0, n=1, 2, \cdots, N \qquad (9\text{-}2)$$

式中，a_n 表示生产的规模报酬，$\sum_{n=1}^{N} a_n^t = 1$ 表示生产规模报酬可变。以第 n 个决策单元在 t 期至 $t+1$ 期的 ML 指数为例，具体的公式为

$$\mathrm{ML}_t^{t+1} = \left[\frac{1+D_t^n(x_t^n, y_t^n, z_t^n; \eta_t^n)}{1+D_t^n(x_{t+1}^n, y_{t+1}^n, z_{t+1}^n; \eta_{t+1}^n)} \cdot \frac{1+D_{t+1}^n(x_t^n, y_t^n, z_t^n; \eta_t^n)}{1+D_{t+1}^n(x_{t+1}^n, y_{t+1}^n, z_{t+1}^n; \eta_{t+1}^n)} \right]^{\frac{1}{2}}$$

$$= \frac{1+D_t^n(x_t^n, y_t^n, z_t^n; \eta_t^n)}{1+D_t^n(x_{t+1}^n, y_{t+1}^n, z_{t+1}^n; \eta_{t+1}^n)} \cdot \left[\frac{1+D_{t+1}^n(x_t^n, y_t^n, z_t^n; \eta_t^n)}{1+D_t^n(x_t^n, y_t^n, z_t^n; \eta_t^n)} \cdot \frac{1+D_{t+1}^n(x_{t+1}^n, y_{t+1}^n, z_{t+1}^n; \eta_{t+1}^n)}{1+D_t^n(x_{t+1}^n, y_{t+1}^n, z_{t+1}^n; \eta_{t+1}^n)} \right]^{\frac{1}{2}}$$

$$= \mathrm{EC} \times \mathrm{TC} \tag{9-3}$$

式中，ML 指数可分解为技术效率变化（EC）和技术进步变化（TC）。在规模报酬可变假设下，技术效率变化还可以分解为纯技术效率变化（PTEC）和规模效率变化（SEC）。由于第 6 章基于超效率 SBM 模型测算的能源生态效率是在规模报酬不变假设下测得的，故本章沿用此假设，从而未对技术效率变化做出进一步分解。ML>1，表明能源生态效率提高；ML<1，表明能源生态效率下降。EC>1，表明技术效率进步；EC<1，表明技术效率下降。TC>1，表明技术进步；TC<1，表明技术退步。

9.3.2　能源生态效率的模型建立及变量选取

由 ML 指数可以测算得出江苏省和各地区能源生态效率及其分解项的变化趋势，但是造成各地区能源生态效率存在差异的具体因素是什么呢？为了进一步分析造成能源生态效率差异的影响因素，本章设定如下计量模型：

$$\ln \mathrm{EEE}_{it} = \beta_0 + \beta_1 x_{it} + \varepsilon_{it} \tag{9-4}$$

式中，EEE 为能源生态效率；下标 i 为地区，t 为时期；β_0 为截距项；β_1 为影响因素的系数；x 为影响能源生态效率的因素；ε_{it} 为残差项。

本章考虑到数据的可得性，并参考相关文献[82, 265, 266]，选择对外开放程度（Ope）、产业结构（Str）、经济发展水平（Gdp）的对数、城市化水平（Urb）和技术水平（Tec）的对数作为能源生态效率的影响因素，则式（9-4）可以表示为

$$\ln \mathrm{EEE}_{it} = \beta_0 + \beta_1 \mathrm{Ope}_{it} + \beta_2 \mathrm{Str}_{it} + \beta_3 \ln \mathrm{Gdp}_{it} + \beta_4 \mathrm{Urb}_{it} + \beta_5 \ln \mathrm{Tec}_{it} + \varepsilon_{it} \tag{9-5}$$

为进一步探究各影响因素对能源生态效率的作用途径，本节还将 ML 指数的分解项技术效率（EC）和技术进步（TC）分别作为被解释变量，其余变量不变，则建立的模型如下：

$$\ln \mathrm{EC}_{it} = \beta_0 + \beta_1 \mathrm{Ope}_{it} + \beta_2 \mathrm{Str}_{it} + \beta_3 \ln \mathrm{Gdp}_{it} + \beta_4 \mathrm{Urb}_{it} + \beta_5 \ln \mathrm{Tec}_{it} + \varepsilon_{it} \tag{9-6}$$

$$\ln \mathrm{TC}_{it} = \beta_0 + \beta_1 \mathrm{Ope}_{it} + \beta_2 \mathrm{Str}_{it} + \beta_3 \ln \mathrm{Gdp}_{it} + \beta_4 \mathrm{Urb}_{it} + \beta_5 \ln \mathrm{Tec}_{it} + \varepsilon_{it} \tag{9-7}$$

下面对变量的选取和测度进行说明。

（1）被解释变量：能源生态效率（EEE）。本章基于第 6 章选取的能源生态效率的投入产出指标，运用 ML 指数对江苏省能源生态效率进行动态测算及分解。由于 ML 指数可以再分解为技术效率变化和技术进步变化，进而探究造成能源生态效率变化的作用途径，本章选择 ML 指数作为能源生态效率的替代变量。考虑到 ML 指数测算的能源生态效率是相对于前一年能源生态效率的变化率，本章将能源生态效率的变化以基期为 1 进行逐年累积量化[267]。假设基期 2008 年的 EEE 为 1，2009 年的 EEE 就等于 2009 年的 ML 指数乘以 2008 年的 EEE，其他年份以此类推。ML 指数的分解项 EC 和 TC 也做相同处理。

（2）解释变量：本章研究的能源生态效率的变化可由 ML 指数分解为技术效率变化和技术进步变化，因而所有的影响因素都可通过影响技术效率或技术进步对能源生态效率产生影响。基于此，本章对各影响因素的影响机理进行简要分析。

对外开放程度（Ope）：对外开放程度对能源生态效率的影响机理较为复杂。一方面，对外开放程度较高的地区更易吸引外国的投资，造成低端产业的转移，从而导致本国资源的消耗和环境的污染，拉低了技术效率水平，进而降低了能源生态效率。另一方面，对外开放程度越高的地区经济发展水平较高，越易引进先进的生产设备和技术经验，通过促进技术进步提高资源利用效率，改善当地的生态环境状况，进而提高能源生态效率水平。因此，对外开放程度对能源生态效率具体是正向还是负向影响还有待检验。本章采用进出口贸易总额占 GDP 的比重来衡量地区的对外开放程度[268]。

产业结构（Str）：产业结构可以通过影响能源的消费量和消费结构来影响地区的能源生态效率。第三产业的能源消费量在三次产业中较低，第三产业比重越高，那么产业结构越完善，能源消费量也就越少，消费结构也越完善，从而技术效率水平越高，能源生态效率水平也越高。因此，本章采用第三产业占地区生产总值的比重来衡量地区的产业结构，预计对能源生态效率产生正向影响。

经济发展水平（Gdp）：如果一个地区的经济发展水平越高，那么将会有更充足的资金用于科技研发，进而推动新产品和技术的更新升级，通过推动技术进步来提高能源生态效率。同时，经济的发展也能推动人们消费观念的改变，产业结构得到优化升级，从而提高技术效率水平，提高能源生态效率。但它有另一个不可忽视的问题，如果一个地区只注重发展速度而不注重发展质量，经济发展水平越高，对资源的需求量越大，产生的污染物也越多，从而阻碍地区能源生态效率的提升。因此，经济发展水平的最终影响还需要根据具体问题具体分析，有待进一步验证。本章采用不变价人均 GDP 的对数表示经济发展水平。

城市化水平（Urb）：城市化水平较高的地区能吸引更多的人才，科技创新的氛围也更浓厚，有利于推动技术进步，进而提高能源生态效率。另外，城市化水平较高的地区，企业的管理水平也更高，进而技术效率更高，有利于地区能源生态效率的提升。但城市化水平高的地区，资源的消耗量也大，产生的污染物也更多，不利于能源生态效率的提高。本章采用年末城镇人口占总人口的比重来衡量城市化水平，它的影响有待进一步验证。

技术水平（Tec）：一个地区能源生态效率的提高主要通过改进产品工艺、使用清洁能源、提高资源利用效率来实现，而这些都与地区的技术水平息息相关。较高的技术水平能有效推动技术进步，进而提升地区的能源生态效率。本章以发明专利申请数的对数来衡量地区的技术创新水平[269]，预计技术水平的影响为正。

9.3.3　模型的数据来源

能源生态效率分解测算的相关指标全部来源于第 6 章中的江苏省 13 个地级市 2008～2020 年的投入产出指标。影响因素分析中的被解释变量通过 ML 指数测算得出，各解释变量的原始数据来自《江苏统计年鉴》（2009～2021 年）和《中国城市统计年鉴》（2009～2021 年）。各影响因素的描述性统计见表 9-1。

表 9-1　影响因素的描述性统计

变量	样本数	均值	标准差	最小值	最大值	极差
Urb	169	0.637	0.102	0.359	0.868	0.509
Str	169	0.444	0.060	0.338	0.628	0.290
ln Tec	169	9.536	1.214	5.288	12.301	7.013
ln Gdp	169	10.994	0.570	9.532	12.054	2.522
Ope	169	0.351	0.382	0.046	2.242	2.196

数据描述了各解释变量最小值、最大值、均值、标准差和极差等统计量，各解释变量标准差均远小于极差，由此可知，各解释变量内部分布较为均衡，数据较为平稳，受极端值影响较小。因此影响因素的数据具有较高的可信度，值得进一步分析。

9.4　江苏能源生态效率的动态评价

9.4.1　江苏能源生态效率及其分解项的时间维度分析

基于 2008～2020 年江苏省各地级市的投入产出数据，本章使用 MaxDEA 软件对江苏省的能源生态效率进行动态测算及分解，具体结果见表 9-2。为更直观地发现研究期内江苏省能源生态效率及其分解项的变动情况，绘制了相应的折线图，见图 9-1。

表 9-2　2008～2020 年江苏省能源生态效率变动及其分解

年份	能源生态效率变化（ML 指数）	技术效率变化（EC）	技术进步变化（TC）
2009	0.938	1.002	0.936
2010	0.988	0.982	1.007
2011	0.953	0.960	0.993
2012	0.995	0.889	1.119
2013	1.023	1.039	0.985
2014	1.005	1.013	0.992
2015	1.035	0.992	1.043
2016	1.046	1.033	1.012
2017	1.081	1.038	1.042
2018	1.174	1.015	1.157
2019	1.065	0.961	1.109
2020	0.984	0.936	1.051
平均值	1.022	0.987	1.035

从能源生态效率的变动来看，2008～2020 年江苏省能源生态效率的平均增长率为 2.2%。其中，2008～2012 年呈现负增长，2013～2018 年呈正增长，且增长幅度几乎是逐年增大，2018 年达到了 17.4%的增长率，2019年开始增长幅度缩小，到 2020 年又呈现负增长态势。可见，2012 年是江苏省能源生态效率变动的转折点，能源生态效率在此期间由降低转为升高，这与第 6 章运用超效率 SBM 测算得出的能源生态效率的变动情况一致，主要是由于国家政策的引导使各地环保意识大大增强，各地区致力于提升能源生态效率来建设低碳社会。

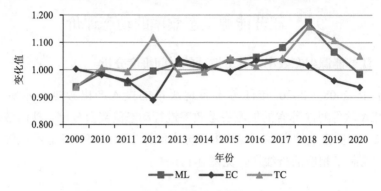

图 9-1　2008~2020 年江苏省能源生态效率及其分解项变动的折线图

从能源生态效率变动的分解项来看，研究期间技术效率变化的平均增长率为–1.3%，在波动中缓慢下降，部分年份有所上升，然而下降的幅度明显大于上升的幅度，因而总体呈下降趋势；技术进步变化的平均增长率为 3.5%，在波动中呈显著的上升趋势。

由图 9-1 可知，技术进步的变动与能源生态效率的变动曲线总体趋于一致，这说明技术进步是研究期内江苏省能源生态效率提升的主要原因，而 2019 年之后技术效率的降低拉低了整体的能源生态效率。

综上所述，2008~2020 年江苏省能源生态效率不断提高，且这种增长主要是技术进步而不是技术效率推动的，即由于生产前沿面的移动而不是各决策单元向生产前沿面的靠近。2019 年之后技术效率下降，抑制了能源生态效率的上升。这说明要想促进江苏省能源生态效率的进一步提升，必须采取措施推动技术效率水平的提升。

9.4.2　江苏能源生态效率及其分解项的空间维度分析

1. 江苏能源生态效率变动的分地区分析

考虑到江苏省内各地级市间在经济发展水平、资源禀赋等方面存在的差异，有必要对江苏省能源生态效率的变动进行空间维度的分析。为此，基于 ML 指数的测算结果，本章得出 2008~2020 年江苏省各地级市能源生态效率的变动及分解，如表 9-3 所示。

研究期内江苏省各市的能源生态效率均呈上升趋势，平均增长率2.2%。其中，徐州、连云港、扬州能源生态效率的平均增速较快，分别为5.6%、4.2%、3.9%；南京、淮安、宿迁能源生态效率的平均增速较慢，分别为 0、0.2%、0.2%；其余城市增幅相差不多。可见，江苏省内能源生态

表 9-3　2008～2020 年江苏省各地级市能源生态效率变动及分解

地区	能源生态效率变化（ML 指数）	技术效率变化（EC）	技术进步变化（TC）
南京	1.000	0.991	1.009
无锡	1.029	1.000	1.029
徐州	1.056	0.999	1.057
常州	1.027	1.000	1.027
苏州	1.028	0.996	1.033
南通	1.010	0.963	1.050
连云港	1.042	1.000	1.042
淮安	1.002	1.011	0.991
盐城	1 018	0.962	1.059
扬州	1.039	0.984	1.056
镇江	1.028	1.000	1.028
泰州	1.009	0.977	1.032
宿迁	1.002	0.957	1.047
平均值	1.022	0.988	1.035

效率的变动存在显著的区域差异性。同时，本章发现能源生态效率增速较高的城市多属于经济水平中游地区，增速较慢的城市既有省内的经济发达地区，也有欠发达地区。这说明经济较发达地区能源生态效率目前已达较高水平，基数较高，在短期内难以实现更快的提升，因而增速较慢；对于经济水平中游地区而言，它们的能源生态效率水平受当地经济发展水平、技术水平、资源等条件的约束，研究初期能源生态效率处于较低水平，后期随着经济的发展及政策的扶持，不断吸收先进地区的节能技术及管理经验，从而在短期内实现较高的增长速度；而对于欠发达地区而言，资金还处于紧缺状态，没有充足资金投入到提高能源生态效率上，因而增速较慢。

从各地区能源生态效率变动的分解项来看，江苏省各地级市技术效率大都呈下降趋势，平均下降 1.2%，只有淮安市平均增长 1.1%。这说明研究期内技术效率处于负增长趋势，抑制了大多数地区能源生态效率的提升。从技术进步变化来看，江苏省各地级市技术进步除淮安有些许下降外，其余地区均呈增长趋势，平均增长 3.5%。这说明研究期内技术进步呈增长趋势，促进了大多数地区能源生态效率的提升。同时，研究发现技术进步的变化与能源生态效率的变化几乎一致，这表明各地级市能源生态效率的提升主要是由技术进步推动的，这与江苏省整体的能源生态效率提升原因相一致。

为了更直观地研究江苏省各地级市能源生态效率及其分解项的变化趋势，绘制了相关折线图，如图 9-2 所示。江苏省各地级市能源生态效率变化率都在 1 以上，说明各地级市能源生态效率都呈现上升趋势。从技术效率变化来看，各地区均呈下降趋势，增速均在–2%上下波动。从技术进步变化来看，各地区技术进步大多呈上升趋势，增幅较大，同时研究发现各地级市技术进步与能源生态效率的增长趋势较为一致，表明各地级市能源生态效率水平的提升主要依赖于技术进步。

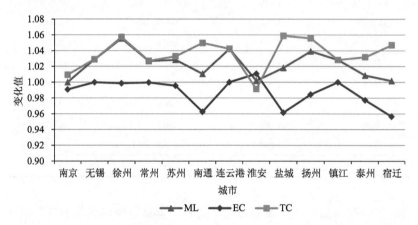

图 9-2　2008～2020 年江苏省各地级市能源生态效率及分解项变动的折线图

综上可知，江苏省各地级市能源生态效率的变动存在显著的区域异质性，经济发达地区能源生态效率的增速较慢，而经济水平中游地区增速反而较快。同时，各地区技术效率阻碍了能源生态效率的提升，而技术进步有效促进了地区能源生态效率的提升。因此，必须通过提高技术效率来进一步推动能源生态效率水平的提升，如提升相关企业能源利用的管理水平、营造鼓励低碳发展的制度环境等，同时也应根据地区实际制定不同的发展侧重点。

2. 江苏能源生态效率变动的分区域分析

通过上节分析可见，江苏省各地级市能源生态效率的变化存在明显的区域异质性，因而本节将江苏省进一步分为苏南、苏中和苏北地区，得出其分区域能源生态效率的变化及分解项，见表 9-4，并绘制了江苏省分区域能源生态效率变动的折线图，如图 9-3 所示。

表 9-4　2008～2020 年江苏省分区域能源生态效率变化及其分解项

年份	苏南地区			苏中地区			苏北地区		
	ML 指数	EC	TC	ML 指数	EC	TC	ML 指数	EC	TC
2009	0.948	1.004	0.944	0.948	1.002	0.946	0.922	1.000	0.922
2010	0.986	1.003	0.982	1.002	1.003	1.000	0.983	0.949	1.036
2011	0.963	0.964	0.999	0.958	0.960	0.998	0.939	0.955	0.983
2012	1.000	0.975	1.025	1.009	0.894	1.130	0.982	0.809	1.215
2013	1.032	1.043	0.989	1.038	1.145	0.907	1.007	0.976	1.031
2014	1.026	0.960	1.069	1.012	0.994	1.018	0.979	1.081	0.906
2015	1.050	1.004	1.045	1.019	0.908	1.122	1.029	1.034	0.996
2016	1.036	0.991	1.044	1.060	1.116	0.950	1.048	1.028	1.020
2017	1.055	1.066	0.989	1.039	1.041	0.998	1.136	1.009	1.125
2018	1.194	0.964	1.239	1.075	0.979	1.098	1.218	1.091	1.116
2019	0.991	1.002	0.989	1.110	0.819	1.356	1.116	1.014	1.101
2020	1.009	0.994	1.015	0.974	0.886	1.099	0.966	0.912	1.059
平均值	1.024	0.998	1.027	1.020	0.979	1.052	1.027	0.988	1.043

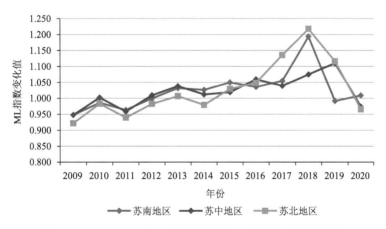

图 9-3　2008～2020 年江苏省分区域 ML 指数变动的折线图

　　苏南、苏中和苏北地区能源生态效率的发展状况各不相同。整体来看,
苏北地区能源生态效率的平均增速最快,苏南其次,苏中最后,分别是
2.7%、2.4% 和 2.0%。这主要是由于研究初期苏南地区相比苏中和苏北地区
经济发达,能源生态效率提升较快,但后期进一步提升存在难度;苏中地
区的能源生态效率水平比苏南和苏北地区逊色,但随着后期环保意识的加

强，提升速度较快，与苏南地区的差距正在逐渐缩小；苏北地区前期能源生态效率水平虽然最低，但随着先进技术和管理经验的引进，加上国家政策的扶持，并且依靠丰富的资源优势，能源生态效率提升速度短期内处于领先水平。因此，必须采取差异化的策略才能有针对性地提升各地区能源生态效率水平。

从分解项来看，苏南、苏中和苏北地区技术效率都呈负增长趋势，苏中地区技术效率下降最快，苏北其次，苏南最后，分别下降了 2.1%、1.2%和 0.2%。苏南、苏中和苏北地区技术进步都呈增长趋势，但增长速度存在差异。苏中最快，苏北其次，苏南最后，平均增长率分别为 5.2%、4.3%和 2.7%。可见，苏中地区虽然技术进步大大提升，但技术效率的下降也最多，苏北地区的情况与其类似，因此苏中和苏北地区应在推动技术进步的同时采用科学的管理办法提高管理水平；苏南地区虽然发展基础良好，技术效率的下降也不可忽视，技术进步的增速也大大落后于苏中和苏北地区，因此苏南地区应继续加大能源技术的研发投入，推动技术的突破升级。

由图 9-3 可进一步发现，2008~2018 年苏南、苏中和苏北地区能源生态效率水平在波动中呈上升趋势，2019 年之后能源生态效率显著降低。其中，苏南和苏中地区能源生态效率前期的增长趋势总体较为一致，且相对苏北地区更高，但后期苏北地区能源生态效率变化值提升加快，超过了苏南和苏中地区。

综合表 9-4 和图 9-3 的分析可知，苏南、苏中和苏北地区能源生态效率的增长都依赖于技术进步，但各区域的发展情况不尽相同。苏南地区能源利用技术较为成熟，能源生态效率水平较高，突破技术难点是未来提升能源生态效率水平的关键；苏中地区和苏北地区的能源生态效率水平与苏南地区还有一定差距，虽然技术进步提升较快，但技术效率的下降速度都高于苏南地区，因而在推动技术进步的同时，更应注重管理水平的提升，实现技术效率的提升。

9.5　江苏能源生态效率的影响因素分析

9.5.1　江苏整体能源生态效率的影响因素分析

本章在 Stata 17.0 软件中选用固定效应（FE）模型、随机效应（RE）

模型和可行的广义最小二乘法（FGLS）模型对影响因素进行估计，回归结果见表 9-5。

表 9-5　江苏省整体能源生态效率影响因素的回归结果

解释变量	模型 1 （FE）	模型 2 （RE）	模型 3 （FGLS）
Ope	0.1514 (1.12)	−0.0786 (−1.24)	−0.1015** (−2.52)
Str	4.0147*** (3.57)	0.9771 (1.49)	0.2415 (0.50)
ln Gdp	−0.4049** (2.08)	0.1762** (2.04)	0.2564*** (4.42)
Urb	0.2259 (0.34)	−1.1623** (−2.15)	−1.0785*** (−2.61)
ln Tec	0.0856*** (2.95)	0.0697** (2.53)	0.0623*** (2.61)
常数项	1.6646 (1.18)	−2.2578*** (−3.56)	−2.7966*** (−6.50)
Hausman 检验 P 值	0.007	—	—
R^2	0.3419	0.2879	
样本量	169	169	169

注：括号内为 t 统计量；***、**分别代表 1%和 5%的显著性水平。

由表 9-5 可以发现，Hausman 检验的 P 值小于 0.05，故拒绝原假设，选择固定效应（FE）模型。而可行的广义最小二乘法（FGLS）更优于固定效应模型，原因在于这种方法能在一定程度上解决模型中可能存在的异方差和序列相关问题[270]，因此本章选择可行的广义最小二乘法对模型进行回归结果分析。

由可行的广义最小二乘法（FGLS）回归结果可见：

（1）对外开放程度的系数为负且通过了 5%的显著性检验，说明对外开放程度的提高降低了能源生态效率，这是因为对外开放程度的提高会影响江苏省内部资源配置，造成资源浪费，从而降低能源生态效率。

（2）产业结构中第三产业比重的上升对能源生态效率水平起到促进作用但不显著，主要原因在于第三产业比重越高，产业结构越完善，地区的能源消费量越少，消费结构越完善，技术效率水平越高，从而促进能源生态效率水平的提高。而目前江苏省内还有些地区第三产业比重较低，使得对能源生态效率的促进作用没有得到充分发挥。

（3）经济发展水平的系数为正且通过了1%的显著性检验，说明一个地区的经济发展水平越高，能源生态效率水平越高。这主要是因为经济发展水平高的地区产业结构更完善，技术水平和技术效率也较高，因而能源利用效率也更高。

（4）城市化水平的系数为负且通过了1%的显著性检验，说明城市化水平的提高对能源生态效率水平的提升起到抑制作用。由于城市化水平较高的地区人口密集，能源消耗量大，降低了技术效率水平，而技术效率水平的升级改造需要较长的时间，因而能源生态效率在短期内会下降。

（5）技术水平的系数为正且通过了1%的显著性检验，说明技术水平对能源生态效率具有显著的正向影响。近年来，我国在煤炭清洁利用、可再生能源等关键技术方面取得重大突破，光能、风能的迅速发展带动了能耗水平的大幅降低，减少了污染，提高了江苏省的能源生态效率。

综上所述，对于江苏省整体来说，经济发展水平和技术水平能显著促进其能源生态效率的提升，而城市化和对外开放程度却显著抑制了地区能源生态效率的提升，产业结构目前对能源生态效率的促进作用尚不显著。

9.5.2　江苏能源生态效率影响因素的区域差异分析

为探究江苏省能源生态效率影响因素的区域差异性，本章运用可行的广义最小二乘法（FGLS）对苏南、苏中和苏北地区分别进行回归分析，结果见表9-6。

表 9-6　江苏省能源生态效率影响因素的分地区回归结果

变量	苏南地区	苏中地区	苏北地区
Ope	-0.1448^{***}	-0.0249	0.6698^{*}
	(-3.14)	(-0.09)	(1.67)
Str	-1.8417^{**}	-1.7472	1.6905
	(-2.54)	(-1.28)	(1.54)
ln Gdp	0.3099^{***}	-0.3440	0.8635^{***}
	(4.33)	(-1.04)	(3.97)

续表

变量	苏南地区	苏中地区	苏北地区
Urb	0.5015	3.9783**	−4.5396***
	(0.78)	(2.40)	(−4.33)
ln Tec	0.0807**	0.0935**	0.0016
	(2.00)	(2.29)	(0.04)
常数项	−3.7503***	1.2574	−7.3458***
	(−6.03)	(0.52)	(−4.65)
OBS	65	39	65

注：括号内为 t 统计量；***、**、*分别代表 1%、5%和 10%的显著性水平。OBS 指观察值。

（1）对外开放程度对苏南地区能源生态效率的影响为负且通过了 1%的显著性检验，对苏中地区的影响为负但不显著，对苏北地区的影响为正且通过了 10%的显著性检验。原因在于苏南地区经济发展水平较高，能源生态效率已达较高水平，短期内增加进出口贸易会影响内部资源配置，使得能源生态效率降低；苏中地区经济稍落后于苏南地区，对外开放程度的提高对能源生态效率的负向影响还不明显；苏北地区在江苏省内属于欠发达地区，对外开放程度提高会导致资金、技术的涌入，能较为显著地提升能源生态效率。

（2）产业结构对苏南地区能源生态效率的影响为负且通过了 5%的显著性检验，对苏中地区影响为负但不显著，对苏北地区影响为正但不显著。主要原因在于苏南地区产业结构较为完善，第三产业占比较高，经济发展水平较快，但能源浪费也因此增多，导致能源生态效率降低；而苏中和苏北地区的产业结构中第二产业比重较大，能源资源的消耗量大，第三产业还在发展阶段，因而未能对地区能源生态效率起显著的抑制或促进作用。

（3）经济发展水平对苏南和苏北地区的影响为正且通过了 1%的显著性检验，对苏中地区影响为负但不显著。主要原因在于各地区经济发展水平不同，苏南地区目前经济最为发达，有充足的资金投入到技术创新中，从而提升了能源生态效率；苏中地区能源生态效率较高，但局限于现有的资源与技术，经济的发展带来资源消耗量增多，现有的技术水平无法进一步升级，因而在一定程度上抑制了能源生态效率的提升，但这种作用不显著；苏北地区经济较为落后，经济的发展在短期内能带来先进的技术经验及资金支持，从而显著促进能源生态效率的提高。

（4）城市化水平对苏南地区的影响为正但不显著，对苏中地区的影响为正且通过了 5%的显著性检验，对苏北地区影响为负且通过了 1%的显著性检验。主要原因在于苏南地区城市化水平升高会吸引外地人才，增强技术创新，提高能源生态效率，但苏南地区城市化已达到较高水平，因此增长缓慢，使得该因素对能源生态效率的促进作用不明显；苏中地区城市化水平还达不到苏南的高水平，因而城市化水平升高带来了更多的资金、技术和经验，从而提高了能源生态效率；苏北地区城市化水平在研究初期最低，短时间的提高会带来更多的资源消耗，但相关的技术仍然较为落后，因而显著降低了能源生态效率。

（5）技术水平对苏南和苏中地区的影响为正且通过了 5%的显著性检验，对苏北地区的影响为正但不显著。一般来说，技术水平的提升会显著提高地区的能源生态效率，对苏南和苏中地区即是如此。但技术水平目前对苏北地区能源生态效率的促进作用还不明显，原因可能是本章选择的技术水平的代表性指标为发明专利申请数，而苏北地区属于经济欠发达地区，该地区致力于经济的发展，发明专利申请中涉及能源技术领域的研究较少，使得当地技术水平升高对能源生态效率的促进作用还不明显。

综上所述，江苏省能源生态效率的影响因素存在显著的区域差异性，同一影响因素对不同地区的影响存在方向和作用程度的差异。苏南地区经济发展水平和技术水平的升高对能源生态效率提升起显著的促进作用，但对外开放程度升高、产业结构优化却起显著的抑制作用；苏中地区的城市化水平和技术水平升高会显著提升能源生态效率，其余变量的促进或抑制作用均不明显；苏北地区能源生态效率会随着经济发展水平和对外开放程度的升高而升高，但是城市化却会抑制能源生态效率的提高，产业结构和技术水平的促进作用不显著。

9.6 江苏能源生态效率影响因素的影响机制分析

通过上述分析可以发现各影响因素对江苏省及分地区能源生态效率的影响情况，但各影响因素是通过何种途径来影响能源生态效率的呢？为进一步探究各影响因素对能源生态效率的影响机制，本节以能源生态效率的分解项作为被解释变量，对江苏省整体及分地区进行回归分析，结果如表 9-7 所示。

表 9-7　江苏省及分地区能源生态效率影响因素的影响机制的回归结果

变量	江苏省整体		苏南地区		苏中地区		苏北地区	
	EC	TC	EC	TC	EC	TC	EC	TC
Ope	0.0078	−0.1562***	−0.0042	−0.1218***	−0.4079	0.2380	−0.4353	0.6616*
	(0.29)	(−3.38)	(−0.25)	(−2.80)	(−0.93)	(0.47)	(−1.09)	(1.94)
Str	−0.4203	0.6245	−0.6072**	−1.3485**	8.1253***	−8.3749***	4.5837***	−0.9040
	(−1.05)	(1.06)	(−2.08)	(−2.31)	(3.37)	(−2.89)	(3.20)	(−0.56)
ln Gdp	0.0424	0.1365**	0.0574*	0.3499***	−1.5223***	1.0355	1.0765***	−0.4701
	(0.88)	(2.00)	(1.89)	(6.41)	(−2.58)	(1.53)	(3.29)	(−1.42)
Urb	−0.0235	−0.8401*	0.1420	0.7707	1.0002	2.8823	−7.5501***	3.8411***
	(−0.07)	(−1.70)	(0.47)	(1.54)	(0.36)	(0.93)	(−5.24)	(2.76)
ln Tec	0.0155	0.0577*	−0.0065	0.0068	0.0983	0.0019	−0.1035*	0.1195*
	(0.71)	(1.91)	(−0.40)	(0.21)	(1.39)	(0.02)	(−1.79)	(1.95)
常数项	−0.4665	−1.6580***	−0.4223	−3.8651***	11.8695***	−9.6218*	−8.1630***	2.2040
	(−1.27)	(−3.20)	(−1.53)	(−8.08)	(2.72)	(−1.91)	(−3.47)	(0.92)
样本量	169	169	65	65	39	39	65	65

注：括号内为 t 统计量；***、**、*分别代表 1%、5%和 10%的显著性水平。

从江苏省整体来看，对外开放程度、经济发展水平和技术水平对技术效率的影响为正但不显著，产业结构、城市化对技术效率的影响为负但也不显著，说明提高江苏省整体技术效率可以通过提高对外开放程度、经济发展水平和技术水平来实现，只是这些影响因素的作用都不显著。经济发展水平和技术水平对技术进步的影响为正且分别通过了 5%和 10%的显著性检验，对外开放程度和城市化水平对技术进步的影响为负且分别通过了1%和 10%的显著性检验，产业结构的系数为正但不显著，说明经济发展水平和技术水平的提高可以有效促进江苏省整体技术进步，而对外开放程度和城市化水平提高会抑制江苏省整体技术的进步。

从苏南地区来看，产业结构对技术效率的影响为负且通过了5%的显著性检验，经济发展水平对技术效率的影响为正且通过了 10%的显著性检验，对外开放程度和技术水平对技术效率的影响为负但不显著，城市化水平对技术效率的影响为正但不显著，说明苏南地区可通过提高经济发展水平来促进技术效率提升，而产业结构的作用与之相反。对外开放程度和产业结构对技术进步的影响为负且分别通过 1%和 5%的显著性检验，经济发展水平对技术进步的影响为正且通过了1%的显著性检验，其余变量的影响为正但不显著，说明经济发展水平提高显著促进了苏南地区的技术进步，而产业结构优化和对外开放程度提高会对技术进步产生抑制作用。

从苏中地区来看，经济发展水平对技术效率的影响为负且通过了1%的显著性检验，产业结构对技术效率的影响为正且通过了1%的显著性检验，技术水平和城市化对技术效率的影响为正但不显著，对外开放程度对技术效率的影响为负但也不显著，说明产业结构优化可以有效促进苏中地区技术效率提升，而经济发展水平提高会对技术效率提升产生抑制作用。产业结构对技术进步的影响为负且通过了1%的显著性检验，其余变量影响为正但不显著，说明产业结构优化显著抑制了苏中地区的技术进步。

从苏北地区来看，城市化水平和技术水平对技术效率的影响为负且分别通过了1%和10%的显著性检验，产业结构和经济发展水平对技术效率的影响为正且通过了1%的显著性检验，对外开放程度的作用不显著，说明产业结构优化和经济发展水平提高可以有效促进苏北地区技术效率的提升，而城市化水平和技术水平提高会对其产生抑制作用。对外开放程度、城市化和技术水平对技术进步的影响为正且分别通过了10%、1%和10%的显著性检验，其余变量的影响均不显著，说明对外开放程度、城市化和技术水平提高可以有效促进苏北地区技术进步，其余影响因素作用效果都不显著。

总之，各影响因素对能源生态效率的作用机制存在显著的区域异质性。江苏省整体主要通过经济发展水平和技术水平拉动技术进步，从而提高能源生态效率。而苏南地区经济发展水平可促进技术效率和技术进步协同发展，实现能源生态效率的大幅提升。苏中地区目前仅可以通过优化产业结构来提升技术效率，但这会抑制技术进步，导致能源生态效率提升效果不佳。苏北地区既可以通过优化产业结构和发展经济来提升技术效率，又可以通过提高对外开放程度、城市化水平和技术水平来拉动技术进步，这两条路径都可以提高其能源生态效率。

9.7　江苏能源生态效率影响机制的结果分析与启示

9.7.1　结果分析

结合江苏省能源生态效率的测算分解、影响因素和影响机制的研究，可以发现以下结论。

（1）无论是从江苏省整体、各地级市还是以苏南、苏中和苏北地区角度分析，2008～2019 年江苏省的能源生态效率总体都呈增长趋势，技术进步是主要推动因素，但技术效率阻碍了能源生态效率的提高。而 2020 年受新冠病毒疫情影响，能源生态效率有所降低。各地区能源生态效率的增长速度存在差异，经济较发达的地区（如苏南地区）由于相关能源利用技术较成熟，能源生态效率已达较高水平，因而近年来增速放缓；而对于经济欠发达的苏中和苏北地区，能源生态效率水平仍有较大提升空间，加上新技术、经验的引进，近年来增速较快。

（2）江苏省能源生态效率的影响因素对不同区域的影响存在差异性。对江苏省整体而言，经济发展水平和技术水平提升对能源生态效率有着显著的促进作用，对外开放程度和城市化对能源生态效率起显著的抑制作用，产业结构优化的影响作用不显著。对苏南地区而言，经济发展水平和技术水平提高可以显著促进其能源生态效率的提升，而对外开放程度、产业结构优化对能源生态效率水平的提高起阻碍作用。对苏中地区而言，城市化水平和技术水平提高可以显著促进能源生态效率提升，其余各个影响因素的作用不显著。对苏北地区而言，经济发展水平和对外开放程度的提升会显著提高地区的能源生态效率，城市化水平的提高却降低了地区的能源生态效率。

（3）江苏省能源生态效率影响因素的影响机制存在显著的地区差异性。对江苏省整体而言，能源生态效率的提升主要依赖于技术进步，而技术进步主要依赖于经济发展水平和技术水平的推动。分地区来看，苏中地区能源生态效率提高主要由技术效率提升推动。苏南和苏北地区能源生态效率水平的提升则是由技术效率和技术进步共同推动。苏南地区经济发展同时促进技术效率提高和技术进步；苏中地区产业结构优化显著促进其技术效率的提升；苏北地区产业结构的完善和经济发展显著提高了技术效率，对外开放程度、城市化和技术水平的提升能有效促进技术进步。

9.7.2　启示

（1）统筹全局，促进技术效率和技术进步的协同发展。首先，由于技术进步显著推动了地区能源生态效率的提高，政府和企业必须共同努力，增加科研经费投入，加大科技创新力度，提升能源利用的技术水平，从而继续发挥技术进步的积极作用；其次，重视江苏省各地区技术效率的提升，引导企业积极提升管理水平，实现企业经营体制和治理结构的优化，发挥技术效率对能源生态效率的提升作用；最后，具体问题具体分析，对于近年增速较慢的苏南地区，突破技术瓶颈，实现技术进步是重中之重，对于苏中和苏北地区，应两手抓技术效率和技术进步的提升。

（2）根据影响因素作用的区域差异性，实施差别化的提升策略。江苏省属于我国经济发达省份，必须持续发挥经济高水平的优势，这样才能有充足的资金投入到提高技术水平上，从而提升地区的能源生态效率；对苏南地区来说，持续发挥经济高速发展的优势是重中之重，同时加大能源技术的研发力度，提高资源利用效率；对苏中地区来说，应制定正确的城市化战略，吸收先进地区的城市化经验，加快城市建设和发展，并推动能源技术水平的提高，实现能源生态效率高水平增长；对苏北地区来说，需要大力发展经济，提高地区的经济发展水平，但更应注重发展低碳经济，提高资源利用效率，以减少城市化带来的负面影响。

（3）依据影响机制的区域差异性，实施差别化的提升路径。各个影响因素在不同地区的作用机制不同，需依据各因素对能源生态效率及其分解项的影响情况制定相应的提升路径。对于江苏省整体来说，可以通过不断提升经济发展水平和技术水平来推动技术进步；对于苏南地区来说，应充分发挥其经济优势，提高能源技术效率并促进技术进步；对于苏中地区来说，必须优化产业结构，合理调整第三产业的比重，以提高技术效率；对苏北地区来说，一条路径是完善产业结构和大力发展经济，进而提升技术效率，另一条路径是提高对外开放程度、城市化水平和技术水平，进而推动技术进步，两者都能有效促进地区能源生态效率的提升。

9.8　本章结论

已有对能源生态效率影响因素的研究多集中在影响因素起到促进还是抑制作用上，并没有对具体的提升路径进行探究。本章的贡献在于结合江苏省具体情况探究了各影响因素的具体影响路径，为各地区能源生态效率的具体提升路径提供了有效参考。首先，运用 ML 指数测算，分解了能源生态效率，并建立计量模型，探讨了能源生态效率的影响因素；其次，以分解项作为被解释变量，探究了各影响因素的内在影响机制，并分析了影响因素和影响机制的区域差异性。由此得出如下结论。

（1）研究期间，江苏省能源生态效率在 2019 年疫情之前逐年增长，但增长路径单一，技术进步是唯一推动力。2020 年受新冠病毒疫情影响，能源生态效率呈现下降趋势。同时各地区存在较大的增长差距，苏南地区由于能源利用技术较为成熟，能源生态效率增速放缓，苏中和苏北地区仍有较大提升空间，因而研究后期能源生态效率增速较快。

（2）各影响因素的影响情况存在显著的区域异质性。整体而言，经济发展水平和技术水平的提高能有效提升江苏省整体的能源生态效率，而城市化水平和对外开放程度起抑制作用。分地区而言，经济高速发展和技术水平提高对苏南地区的能源生态效率起促进作用，对外开放程度提高却起抑制作用；苏中地区城市化水平和技术水平提高会促进能源生态效率提升；苏北地区能源生态效率的提高主要依赖于经济发展水平和对外开放程度的提升，但城市化水平却对能源生态效率起抑制作用。

（3）江苏省整体和苏南、苏中地区的提升路径较为单一，苏北地区的提升路径则呈现多样化特征。技术进步是江苏省整体能源生态效率的唯一驱动力，由经济发展水平和技术水平发展推动；苏南和苏中地区目前分别可以通过发挥经济优势和完善产业结构来提高能源技术效率，进而提高能源生态效率；而苏北地区技术效率的提升依赖于产业结构的完善和经济发展水平的提升，技术进步依赖于对外开放程度、城市化水平和技术水平的提高，这两个途径皆能实现其能源生态效率的提高。

第三篇　区域生态安全篇

第10章　区域生态安全格局演化

能源-环境-生态是不可分的整体,目前中国正处于经济发展高质量转型的关键期,但依然面临环境污染加剧、能源资源紧张及生态环境事件频发的巨大压力,需要通过环境规制加以治理,以提高能源生态效率,守护生态安全。生态系统的完整性和健康性,是一个国家赖以生存和发展的基础。目前我国生态环境总体比较脆弱,在国家推进生态文明建设和提倡绿色发展的背景下,必须加强对生态安全的重视。因此,本书第10~12章分别研究区域生态安全的格局演化、政策效应及影响机制,为筑牢生态安全屏障提供对策。本章基于复合生态系统理论,以江苏省各地级市为研究对象,探究其生态安全格局演化,采用压力-状态-响应(PSR)模型构建生态安全评价指标体系,运用 TOPSIS 和灰色关联分析法测算生态安全综合指数,对江苏省生态安全格局演化进行分析,并揭示影响区域生态安全的关键因素,为后面章节的研究打下基础。

10.1　引　　言

由于中国经济的快速发展和城镇化进程的加快,生态环境面临着巨大压力[112]。资源过度开采和污染物超量排放等加剧了生态系统的脆弱性,使生态安全受到威胁,也阻碍了经济社会的可持续发展[271]。党的二十大报告指出"大自然是人类赖以生存发展的基本条件",并强调生态文明建设的战略性地位,要"推动绿色发展,促进人与自然和谐共生"。然而,我国生态环境依然面临严峻形势,比如水土流失、土地荒漠化、森林和草地资源减少、生物多样性减少等,使得生态空间遭受持续威胁,生态系统质量和服务功能低及生物多样性加速下降的总体趋势尚未得到有效遏制[272]。因此,在经济高质量发展的同时更要加强对生态安全的重视。江苏是我国经济活动最活跃的省份之一，位于长三角核心地带，社会经济发展速度较快，由于城镇化进程加快、资源过度开发和人口压力增加等，导致生态环境压力日益增大，制约了其可持续发展。因此，对江苏省进行区域生态安全格局演化分析，对保护江苏生态环境、提高生态安全水平、推动经济高质量发展具有重要意义。

生态安全的格局演化研究主要集中在生态安全态势评价、生态安全影响因素分析等方面。曹秉帅等[273]在压力-状态-响应模型的基础上，以呼伦湖为例，构建生态安全评价指标体系，以期为北方寒冷干旱地区内陆湖泊生态安全研究提供借鉴；Sang 等[274]基于地球观测卫星数据的区域时空差异，对淮河流域进行生态安全评价与分析，为其经济发展和环境保护提供了指导作用；谭华清等[275]通过最小累计阻力模型构建南京市生态安全格局，研究其生态安全可持续发展；李子君等[276]运用熵权物元方法构建土地生态安全评价模型，对沂蒙山区土地生态安全的影响因素进行实证研究。尽管目前针对生态安全的相关研究较为丰富，但也有一些值得深入讨论的地方，比如在快速城镇化背景下地市级层面的生态安全演化态势、区域内部的差异化格局分析，以及背后的驱动因素等仍需要进一步探索。

基于此，本章以江苏省地级市作为研究对象，分析其生态安全格局变化趋势，根据复合生态系统理论，采用压力-状态-响应（PSR）模型构建区域生态安全指标评价体系，应用层次分析法与熵权法相结合的方式确定指标的主客观权重，运用 TOPSIS 和灰色关联分析法计算生态安全综合指数，进而分析江苏省区域生态安全的格局演化特征，最后利用主成分分析和多元线性回归提出影响区域生态安全的主要因素，为江苏省区域生态安全提供政策建议。

10.2　区域生态安全的理论分析

复合生态系统认为，人类社会是以人的行为为主导、以自然环境为依托、以资源流动为命脉、以社会文化为经络的自然-经济-社会复合生态系统。这三个子系统是相生相克、相辅相成的。它要求生态安全、循环经济和和谐社会三位一体。复合生态系统理论的核心是生态整合，通过结构整合和功能整合协调三个子系统及其内部组分的关系。

随着生态环境问题的愈发严峻，生态安全越来越受到政府和社会的广泛关注，成为人类经济社会可持续发展的重要主题[277]。生态安全是人类赖以生存和社会可持续发展的基础，因此必须站在人与自然和谐共生的高度谋划发展。生态安全包括生态风险性和生态脆弱性两个方面，这两个方面体现了生态环境与人类活动之间的关系，以及人类活动对生态环境造成的污染程度。生态安全格局的空间层次可以包括全球、国家和区域等尺度，而区域生态安全格局是重点。守住自然生态安全边界需要明确生态安全格局，通过构建与优化区域生态安全格局，达到对生态过程的有效调控，从而保障生态功能的充分发挥，实现区域自然资源和绿色基础设施的有效合理配置，确保必要的自然资源的生态和物质福利，最终实现生态安全。

近年来，许多学者对生态安全的内容和政策、指标和方法等方面进行了广泛探索。生态安全的研究尺度有大有小，尺度大的如流域[278]、城市群[96]等，尺度小的有绿洲[279]、旅游景区[280]和土地[281]等。一般来说，研究区域通常存在生态资源分布不均匀、生态源地与人类活动矛盾过大、生态系统较为脆弱等问题[282]，而区域生态安全是自然地理环境、社会经济发展水平、城镇化进程和人类开发程度等因素共同作用的结果。经济规模、人口密度、城镇化率、开发程度等是影响生态安全空间演变的关键因素[283]，要提高生态安全水平，必须从源头上控制环境污染物，加大污染物治理力度和环保投资力度，控制人类对土地开发和利用的强度，保护耕地面积和提高绿化[284]。另外，结合区域生态实际，在坚持生态保护优先、调整产业结构、加大科技研发力度等方面也必须引起重视[285]。

在生态安全评价指标和方法方面，经典的指标体系构建采用压力-状态-响应（PSR）模型[286]来反映人类活动、环境自然资源及机构之间的相互影响关系，后来发展到驱动力-压力-状态-响应（DPSR）模型[287]，以及驱动力-压力-状态-影响-响应（DPSIR）模型[288]。研究生态安全的方法多种多样，比如地理信息系统（GIS）和遥感技术[289]、熵权法[290]、灰色关联分析法[291]、生态足迹[292]等，在确定生态安全指标权重时采用熵权法和层次分析法相结合的方式改进指标体系模型，更加适合对区域生态安全的研究[293]。对区域生态安全格局演化进行综合性分析，对于促进区域生态发展、保护生态环境具有重要意义。

10.3　区域生态安全的研究区域、数据来源和评价指标体系

10.3.1　研究区域

江苏省地处长江经济带，是中国东部沿海地区中的重要经济区，经济

综合竞争力居全国前列，拥有全国最大规模的制造业集群。但是随着城镇化的快速发展和人口数量的增加，生态系统压力持续增大，并且江苏省高耗能、高污染、高排放、低收益的产业发展模式未得到根本改变，社会经济发展对资源的高需求和高投入导致区域生态破坏问题愈加突出。因此，结合江苏省地区实际研究对其区域生态安全格局演化有重要意义。

10.3.2　数据来源

本章选取 2008～2020 年江苏省各地级市的面板数据为样本，研究数据涉及人口、社会、资源、经济、环境等 23 个指标，研究数据来源于政府官方统计数据或公开发表的报告、期刊等，其中人口、生产总值、工业 SO_2 排放量、工业烟尘排放量、工业废水排放量、第三产业增值占比、工业固体废弃物综合利用率等数据来源于《江苏统计年鉴》（2009～2021 年）、《中国城市统计年鉴》（2009～2021 年）、《中国环境统计年鉴》（2009～2021 年）及地区官方统计局网站，专利申请量数据来源于各城市国民经济和社会发展统计公报，水资源总量数据主要来自各城市的水资源公报。

10.3.3　区域生态安全的评价指标体系

区域生态安全涉及的因素非常复杂，所以学术界关于生态安全的评价指标体系还没有一个统一的标准。压力-状态-响应（PSR）指标体系由经济合作与发展组织（Organization for Economic Cooperation and Development, OECD）和联合国环境规划署（United Nations Environment Programme, UNEP）提出，该指标体系基于人类活动与生态环境互动过程中产生问题的"原因"、"现状"和"政府"层面来评价地区的可持续发展水平，该评价指标体系的优势在于能剖析系统内部的因果关系。基于此，本章借鉴压力-状态-响应（PSR）框架，结合复杂生态系统理论，综合分析自然（包括生态环境）、经济、社会（包括人口）等多个方面，考虑数据的可获得性及现有研究中使用频率较高的指标，筛选出 23 个指标，构建区域生态安全评价指标体系（表 10-1）。

在上述评价指标体系中，指标压力层包含社会压力、经济压力和资源压力，指标状态层包括能源消费状态、资源状态和工业环境状态，指标响应层包括经济响应、社会响应、环境响应和科技响应等。

表 10-1　区域生态安全评价指标选取

层次	指标	属性	单位	文献来源
压力层	年末户籍总人口	逆向	万人	冯彦等[291]
	人口密度	逆向	人/km²	
	城镇化水平	逆向	%	
	经济增长率	逆向	%	
	人均综合用水量	逆向	L	
	工业总产值	逆向	亿元	
状态层	工业企业综合能源消费量	逆向	t 标准煤	李魁明等[294]
	人均占有耕地面积	正向	亩	
	建成区绿化覆盖率	正向	%	
	水资源总量	正向	亿 m³	
	工业 SO₂ 排放量	逆向	t	
	工业烟尘排放量	逆向	t	
	工业废水排放量	逆向	万 t	
响应层	第三产业增值占比	正向	%	周介元等[295]
	城市污水处理率	正向	%	
	工业废弃物综合利用率	正向	%	
	环境投入占财政支出比重	正向	%	
	环保关注度	正向	%	
	专利申请量	正向	个	
	人均生产总值	逆向	元	
	工业 SO₂ 去除率	正向	%	
	工业固体废弃物综合利用率	正向	%	
	工业烟尘去除率	正向	%	

10.4　区域生态安全指数的研究方法

10.4.1　综合确定权重

1. 指标标准化

为保证评价结果的准确性，本章需要对数据做无量纲标准化处理。研究采用的标准化方法为正向：
$$Y_{ij} = \frac{X_{ij} - X_{j_{\min}}}{X_{j_{\max}} - X_{j_{\min}}}$$
（10-1）

逆向：
$$Y_{ij} = \frac{X_{j_{\max}} - X_{ij}}{X_{j_{\max}} - X_{j_{\min}}}$$
（10-2）

式中，X_{ij} 和 Y_{ij} 表示第 i 年的第 j 个指标的原始数据和标准化后的数据；$X_{j_{\max}}$ 和 $X_{j_{\min}}$ 为第 j 个指标的最大值和最小值。

2. 层次分析法确定主观权重

层次分析法（analytic hierarchy process, AHP）首先根据研究目标将复杂的影响因素划分为有顺序的层次，之后再根据专家意见和客观判断结果将各层次的影响因素按重要性做一个判断，以此为基础计算每个因素的权重值 A_j。

3. 熵权法计算客观权重

熵是系统无序程度的一个度量，如果指标的信息熵越小，则该指标提供的信息量越大，在综合评价中所起作用理当越大，权重就应该越高。熵权法是一种客观赋权方法，计算步骤如下。

（1）计算第 i 年第 j 个指标的比重（P_{ij}）：

$$P_{ij} = \frac{Y_{ij}}{\sum_{i=1}^{m} Y_{ij}}$$
（10-3）

（2）确定评价指标的熵：

$$E_j = -\frac{1}{\ln m} \sum_{i=1}^{m} P_{ij} \ln P_{ij}$$
（10-4）

（3）求解变异系数：

$$d_j = 1 - E_j$$
（10-5）

（4）计算指标权重：

$$D_j = \frac{d_j}{\sum_{j=1}^{n} d_j}$$
（10-6）

式中，m 为评价年数；n 为指标个数。

4. 主客观权重的组合

考虑到主客观权重值在赋权中有同等的效益，因此采用算术平均法计算，从而得到一个综合权重值 $W_j = \dfrac{A_j + D_j}{2}$。各指标的权重计算结果详见表 10-2。

表 10-2　江苏省各地级市区域生态安全指标体系权重值

层次	指标	属性	主观权重 A_j	客观权重 D_j	综合权重 W_j
压力层	年末户籍总人口	逆向	0.007	0.018	0.013
	人口密度	逆向	0.017	0.022	0.020
	城镇化水平	逆向	0.063	0.041	0.052
	GDP 增长率	逆向	0.027	0.099	0.063
	人均综合用水量	逆向	0.039	0.046	0.043
	工业总产值	逆向	0.011	0.026	0.018
状态层	工业企业综合能源消费量	逆向	0.047	0.028	0.038
	人均占有耕地面积	正向	0.071	0.058	0.064
	建成区绿化覆盖率	正向	0.104	0.038	0.071
	水资源总量	正向	0.031	0.055	0.043
	工业 SO_2 排放量	逆向	0.009	0.004	0.007
	工业烟尘排放量	逆向	0.014	0.013	0.013
	工业废水排放量	逆向	0.021	0.017	0.019
响应层	第三产业增值占比	正向	0.076	0.055	0.065
	城市污水处理率	正向	0.052	0.039	0.045
	工业废弃物综合利用率	正向	0.109	0.040	0.074
	环境投入占财政支出比重	正向	0.052	0.034	0.043
	环保关注度	正向	0.152	0.044	0.098
	专利申请量	正向	0.035	0.267	0.151
	人均生产总值	逆向	0.025	0.030	0.027
	工业 SO_2 去除率	正向	0.009	0.017	0.013
	工业固体废弃物综合利用率	正向	0.017	0.006	0.012
	工业烟尘去除率	正向	0.012	0.005	0.008

10.4.2　TOPSIS 和灰色关联分析法

TOPSIS 法在研究目标与其理想目标间接近度的基础上对研究对象进行优劣评价，接近度的一般阈值范围在 0～1，越接近 1 表示该评价目标越好；反之，越接近 0 则该评价目标越差。

　　灰色关联分析法是在时间和对象变化的基础上对两个系统因素间关联度的度量。如果随着发展两个因素的变化趋势越来越一致，则两因素之间的关联度高；反之则较低。所以灰色关联分析法的判断依据主要是因素之间变化趋势的相同或相异程度。

　　TOPSIS 法无法反映时间上序列的动态变化趋势，只能体现出因素曲线之间的位置关系，而灰色关联分析法则是根据因素与目标的变化态势来判断其优劣，所以本章结合两者的特点构造新的相对贴近度，对江苏省各地级市的区域生态安全进行评估。

　　对规范化矩阵 $\left(Y_{ij}\right)_{m\times n}$ 进行加权计算，获得加权标准化矩阵：

$$U=(u_{ij})_{m\times n}=(W_j\times Y_{ij})_{m\times n}, i\in m, j\in n \qquad (10\text{-}7)$$

再确定正负理想解：

$$U^{\pm}=\left\{u_1^{\pm}, u_2^{\pm}, \cdots, u_n^{\pm}\right\} \qquad (10\text{-}8)$$

式中，

$$u_j^{+}=\max\left(u_{1j}, u_{2j}, \cdots, u_{mj}\right)$$

$$u_j^{-}=\min\left(u_{1j}, u_{2j}, \cdots, u_{mj}\right)$$

　　求解各评价单元中各评价指标与正负理想解的灰色关联系数 $r_{ij}^{\pm}$，从而得到关联系数矩阵 $\left(r_{ij}^{\pm}\right)_{m\times n}$，$\rho\in(0,1)$ 为分辨系数，通常取 $\rho=0.5$。

$$r_{ij}^{\pm}=\frac{\min\limits_{j}\min\limits_{i}\left(\left|u_j^{\pm}-Y_{ij}\right|\right)+\rho\max\limits_{j}\max\limits_{i}\left(\left|u_j^{\pm}-Y_{ij}\right|\right)}{\left|u_j^{\pm}-Y_{ij}\right|+\rho\max\limits_{j}\max\limits_{i}(|u_j^{\pm}-Y_{ij}|} \qquad (10\text{-}9)$$

　　求各评价单元与各正负理想解的灰色关联度：

$$Z_i^{\pm}=\frac{\sum\limits_{j=1}^{n}r_{ij}^{\pm}}{n} \qquad (i=1,2,\cdots,m)$$

　　构造新的相对贴进度，其中相对贴进度的数值越大，表示该区与理想的生态安全环境状况相接近，状况不错，数值越小则反之。

$$Q_i=\frac{Z_i^{+}}{Z_i^{+}+Z_i^{-}} \qquad (10\text{-}10)$$

10.5　区域生态安全格局演变的结果分析与讨论

10.5.1　区域生态安全演变趋势

根据上述相关数据和式（10-7）～式（10-10），计算得到 2008～2020 年江苏省地级市的区域生态安全综合指数。指数值越大，表示区域生态安全越高，反之越低。江苏省区域生态安全演变特征如下。

（1）江苏省区域生态安全的总体状况呈波动趋势。2008～2020 年江苏省各地级市区域生态安全综合指数变化趋势如图 10-1 所示，指数值在 0.47～0.53 的范围内波动，整体波动幅度较小，在 2014 年出现小高峰，在 2018 年达到最高峰值。党的十八大以来，生态环境保护立法逐步明确了生态环境保护的地位和目标，2014 年对《中华人民共和国环境保护法》进行了修订，明确了"保护环境是国家的基本国策"和"环境保护坚持保护优先、预防为主、综合治理、公众参与、损害担责的原则"等规定，强调了生态环境保护在我国的重要地位，区域生态安全综合指数出现第一个高值，在 2014～2017 年呈缓慢下降的趋势。自 2016 年起，相继出台和修订了《环境保护税法》《水污染防治法》等相关政策法规，并在制定的《中华人民共和国土壤污染防治法》中规定了"风险管控"，因此江苏省区域生态安全指数开始上升，并达到了近几年的最高峰值。但由于江苏省多个城市处于长江下游，石油、钢铁等重污染产业大多临江设立，还要承载来自长江上游的污染物，导致城市生态承载力不足，区域生态安全形势严峻。从 2008 年至 2020 年，江苏省先后经历人口压力、社会经济发展造成的产业结构转型、区域合作和长三角区域生态安全的重新规划，对区域生态安全产生不利影响，但国家和区域的政策制定与实行，明显提升了江苏省区域生态安全水平，因此，国家和区域的政策支撑对区域生态安全具有重要意义。

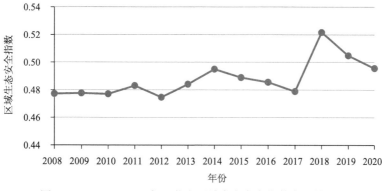

图 10-1　2008～2020 年江苏省区域生态安全指数变化趋势图

（2）江苏省区域生态安全演变趋势存在地域性差异。为了更具体地分析 2008～2020 年江苏省区域生态安全指数的地域差异，特选取各地级市个别年份的区域生态安全指数变化趋势进行研究，如图 10-2 所示。2012 年，江苏省深入贯彻落实党的十八大关于"五位一体"的精神，不断深化环保领域改革创新。2016 年，江苏省加强长江流域生态环境保护，强化绿色发展鲜明导向。基于此，本章选取 2008 年、2012 年、2016 年和 2020 年进行重点分析，以观察江苏省各地级市在每个均衡时期内的区域生态安全演变趋势。2008～2020 年江苏省各地级市区域生态安全的演变趋势存在波动性，其中 10 个城市呈下降趋势，3 个城市呈上升趋势。区域生态安全指数下降的 10 个城市中，南京、连云港和宿迁呈斜线下降的趋势，徐州、南通、淮安、盐城、扬州、镇江和泰州呈现先下降后上升的"V"形趋势，其中盐城和镇江这几年间的波动幅度最大，区域生态安全变动明显。区域生态安全指数上升的 3 个城市中，苏州的区域生态安全指数最高，常州和苏州都呈现出先下降后上升的"V"形趋势。总体来看，江苏省各地级市还需要不断完善区域生态安全保障体系，加强对生态环境的关注和扶持力度，提高城市生态安全水平。

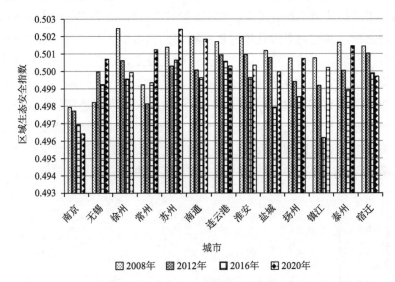

图 10-2　2008～2020 年江苏省各地级市区域生态安全综合指数变化趋势

10.5.2　区域生态安全空间布局特征

由于不同地区的区域生态安全评价分级标准具有差异性，目前还未形成统一的区域生态安全分级标准，本章参考相关研究成果[296, 297]，将江苏省各地级市区域生态安全的等级划分为 6 个标准：恶化级、风险级、敏感级、临界安全级、一般安全级和安全级（表 10-3）。

表 10-3　江苏省各地级市区域生态安全等级评定分级标准

安全指数	安全状态	安全等级
$0 < Q \leqslant 0.25$	恶化级	VI
$0.25 < Q \leqslant 0.4$	风险级	V
$0.4 < Q \leqslant 0.5$	敏感级	IV
$0.5 < Q \leqslant 0.6$	临界安全级	III
$0.6 < Q \leqslant 0.75$	一般安全级	II
$0.75 < Q \leqslant 1$	安全级	I

　　结合式（10-7）～式（10-10）计算出江苏省各地级市的区域生态安全指数，探究区域生态安全空间演变特征。为了更直观地展现 2008～2020年江苏省各地级市区域生态安全等级的差异，特选取各地级市 2008 年、2012 年、2016 年和 2020 年的区域生态安全等级空间分布格局（图 10-3），以观察江苏省各地级市在每个均衡时期后的区域生态安全等级状况。2008年，南京、无锡和常州处于敏感级，徐州、苏州、南通、连云港、淮安、盐城、扬州、镇江、泰州、宿迁则处于临界安全级。在区域上，江苏省北部区域生态安全处于临界安全级，南部小区域处于敏感级状态。可见，2008年该区域生态安全处于临界安全级的城市最多，生态安全等级处于III级的面积最大，整体呈现出北高南低的空间布局特征。2012 年，江苏省区域生态安全等级较 2008 年有所下降，处于敏感级的城市数量增加，扬州和镇江的区域生态安全等级有所下降，该时期区域生态安全等级分布与 2008 年极为相似，处于临界安全级的城市最多，区域生态安全水平处于III级的面积最大，整体呈现出北高南低的空间布局特征。2016 年，江苏省大多数城市区域生态安全处于敏感级，城市生态安全等级下降明显，只有苏州和连云港两个城市处于临界安全级状态。2020 年，江苏省各地级市区域生态安全等级分布较之前变化明显，区域生态安全水平也有所提高，大多数城市处于临界安全级，只有南京、徐州、盐城和宿迁 4 个城市处于敏感级。

　　总之，江苏省各地级市区域生态安全等级变化不稳定，整体呈现出南北分异的空间格局，且根据 2008～2020 年的发展趋势可知，江苏省各地级市生态安全形势仍然严峻，亟须国家和地方协同合作，采取高效的措施，走可持续发展的生态文明建设道路，以改善其区域生态安全现状。

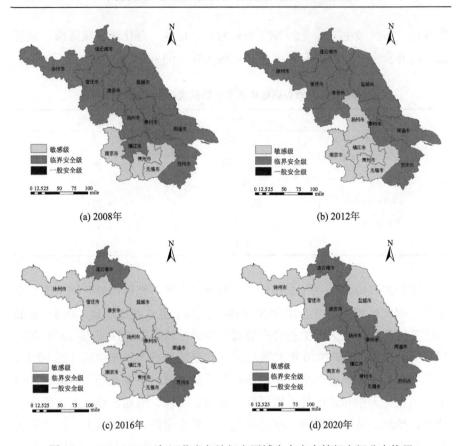

图 10-3　2008～2020 年江苏省各地级市区域生态安全等级空间分布格局

10.5.3　区域生态安全驱动机制

1. 主成分分析

对前文选取指标做主成分分析（表 10-4），对数据进行 KMO 检验和 Bartlett 球形检验。结果显示，KMO 检验值为 0.815，大于阈值 0.8，且 Bartlett 球形检验显著性小于 0.001，适合对指标进行主成分分析。

表 10-4　KMO 检验和 Bartlett 球形检验

KMO 检验值	Bartlett 球形检验值
0.815	3522.394

首先，进行主成分分析，提取 7 个主要因子，且累计方差贡献水平为 80.18%，可以起到很好的表征作用。采取最大方差法对因子载荷矩阵进行

旋转，得到旋转后的成分矩阵（表 10-5）。城镇化水平、人均生产总值、工业总产值和工业企业综合能源消费量对第 1 因子有较高载荷，工业 SO_2 排放量和工业废水排放量对第 2 因子有较高载荷，年末户籍总人口和人口密度对第 3 因子有较高载荷，工业固体废弃物综合利用率和工业废弃物综合利用率对第 4 因子有较高载荷，环保关注度对第 5 因子有较高载荷，工业烟尘排放量对第 6 因子有较高载荷，水资源总量对第 7 因子有较高载荷。在上述结果及专家意见的基础上，根据其主要表征指标将 7 个因子分别重新命名为城镇化（M_1）、生态病理度（M_2）、人口压力（M_3）、技术发展（M_4）、社会发展（M_5）、大气环境压力（M_6）和资源总量（M_7）。

表 10-5　旋转后的成分矩阵

层次	指标	M_1	M_2	M_3	M_4	M_5	M_6	M_7
压力层	年末户籍总人口	−0.046	0.182	0.856	−0.093	0.166	0.072	−0.031
	人口密度	0.101	−0.191	0.306	−0.658	0.179	−0.022	−0.356
	城镇化水平	−0.839	0.345	−0.201	0.140	0.171	−0.042	−0.060
	GDP 增长率	0.821	0.076	−0.147	−0.020	0.361	0.004	0.147
	人均综合用水量	−0.464	0.515	−0.244	0.111	0.432	0.021	−0.145
	工业总产值	−0.609	0.701	0.157	−0.103	−0.043	0.030	−0.104
状态层	工业企业综合能源消费量	−0.338	0.810	0.077	0.183	0.210	0.035	−0.023
	人均占有耕地面积	−0.192	0.795	−0.159	0.102	−0.101	0.190	−0.121
	建成区绿化覆盖率	0.798	0.032	0.098	−0.060	−0.195	0.327	−0.151
	水资源总量	−0.118	−0.186	−0.290	0.099	−0.680	0.009	0.163
	工业 SO_2 排放量	0.226	0.768	−0.005	−0.078	0.291	−0.260	0.090
	工业烟尘排放量	−0.189	0.452	−0.097	0.059	0.617	0.088	0.133
	工业废水排放量	−0.043	0.900	−0.061	0.027	0.259	−0.066	−0.001
响应层	第三产业增值占比	0.904	−0.066	−0.044	−0.207	−0.161	−0.038	0.099
	城市污水处理率	0.892	−0.080	0.079	0.016	−0.008	0.140	0.037
	工业废弃物综合利用率	−0.295	0.373	−0.319	0.600	0.069	0.329	−0.242
	环境投入占财政支出比重	0.093	−0.282	0.780	0.035	−0.054	0.022	0.025
	环保关注度	0.221	−0.050	0.090	−0.141	0.043	0.811	0.153
	专利申请量	0.694	−0.329	−0.067	−0.273	−0.150	−0.320	0.023
	人均生产总值	−0.829	0.376	−0.239	0.049	−0.039	0.089	−0.132
	工业 SO_2 去除率	0.734	−0.038	−0.049	−0.030	0.192	0.137	0.269
	工业固体废弃物综合利用率	−0.085	−0.086	0.161	0.801	0.035	−0.255	−0.120
	工业烟尘去除率	0.283	−0.080	0.013	−0.031	−0.055	0.133	0.850

2. 多元线性回归分析

根据江苏省各地级市 2008～2020 年的面板数据,以前文计算的区域生态安全综合指数(G)为因变量,以主成分分析提取的 7 个主要因子(M_1、M_2、M_3、M_4、M_5、M_6 和 M_7)为自变量,进行多元线性回归分析,验证提取的 7 个主要因子对区域生态安全的影响程度。结果显示,P 检验值<0.05,故拒绝原假设,说明 7 个因子对区域生态安全综合指数有显著影响。计算结果如表 10-6 所示,线性方程为

$$G= 0.548–0.155M_1–0.383M_2–0.372M_3+0.316M_4+0.696M_5–1.010M_6+0.534M_7$$

表 10-6　各提取因子的偏回归方程系数矩阵

变量	系数	标准差	T 检验值	P 检验值
常量	0.548***	0.012	45.072	0.000
M_1	−0.155***	0.024	−6.397	0.000
M_2	−0.383***	0.148	−2.599	0.010
M_3	−0.372***	0.078	−4.798	0.000
M_4	0.316***	0.090	3.518	0.001
M_5	0.696***	0.107	6.520	0.000
M_6	−1.010***	0.171	−5.906	0.000
M_7	0.534**	0.265	2.012	0.046

***、**分别代表 1%、5%的显著性水平。

区域生态安全主要影响因素包括城镇化、生态病理度、人口压力、技术发展、社会发展、大气环境压力和资源总量。其中,技术发展、社会发展和资源总量与区域生态安全呈正相关关系,如果控制其他因素,三者每上升一个单位,区域生态安全指数分别上升 0.316、0.696 和 0.534 个单位。社会和技术的发展不仅可以促进产业结构的调整,还可以提供治污设施和新能源技术,增强人们的环保意识,从而减少对生态环境的污染,提高区域生态安全水平。

城镇化、生态病理度、人口压力和大气环境压力与区域生态安全呈负相关关系,如果控制其他因素,四者每上升一个单位,区域生态安全指数分别下降 0.155、0.383、0.372 和 1.010 个单位。江苏省的制造业走在全国前列,城镇化水平高、人口密度大,人口的增加带来了更多的生活垃圾,影响了生态环境。大气环境中污染物排放增加、水土流失等引发自然灾害,从而破坏了生态系统本身的状态。

10.6　区域生态安全格局演化的政策启示

通过对江苏省区域生态安全格局演化趋势和主要影响因素的分析可知，江苏省整体生态安全一直处于波动状态，且区域生态安全水平受多个因素共同影响。

（1）由点及面联动城市间生态治理，优化区域生态安全格局。虽然区域内部差异化显著，经济发展水平、资源存量、污染程度都不尽相同，但是生态环境受多种因素影响，一个区域的生态环境往往会影响另一个区域的生态安全。因此，应强化区域生态安全协同治理理念，建立区域生态安全协同治理机构，协调资源要素的流动，共同促进区域生态安全格局的协调发展。

（2）提高资源利用效率，积极引导生态环保意识。在区域生态安全的影响因素中，技术发展、社会发展和资源总量对生态安全起积极作用。政府应进行科技创新，加大技术研发力度，提高工业废弃物利用率和工业污染物处理率，减轻工业污染对生态环境的压力。加大生态环境保护的宣传力度和监察执法力度，树立"绿水青山就是金山银山"的观念，提升公众的环保意识。

（3）改变传统的排污模式，建立区域生态安全市场经济体制。在各影响因素中，城镇化、生态病理度、人口压力和大气环境压力对区域生态安全起消极作用，其中以工业烟尘排放量、工业 SO_2 排放量、工业废水排放量为表征的大气环境压力对区域生态安全的阻碍作用最大。企业应主动承担社会责任，改变生产模式与污染物排放模式，走绿色、低碳、节能的可持续发展道路，从而缓解生态污染情况。

（4）充分发挥国家和区域政策的拉动效应，建立完善的生态安全系统治理机制。立足于生态安全现状，在遵循生态安全系统整体性的基础上，从源头开发、中间过程、末端排放三个环节统筹治理生态安全，制定相关生态环境政策，建立生态安全系统治理机制，充分发挥政策支撑对提高生态安全水平的积极作用。

10.7　本　章　结　论

本章选用江苏省各地级市的面板数据为样本,利用复合生态系统理论,综合考虑社会、人口、经济、资源、环境等多个方面构建评价指标体系,从区域生态安全动态格局演变角度开展区域生态安全评估，对时空格局演变趋势进行分析，并探究区域生态安全的主要影响因素。本章的主要贡献是定量分析和刻画了江苏近 10 年来区域生态安全所处区间及演化趋势，并且发现了影响江苏区域生态安全的主要因子，其中城镇化、人口压力、资源开发程度、大气环境压力等对江苏生态安全具有重大影响。本章的主要结论如下。

（1）江苏省区域生态安全一直处于波动状态，国家、区域政策对其生态安全具有拉动效应。从时间上来看，国家、区域政策对江苏省各地级市区域生态安全指数影响较大，指数呈现出阶段性的峰值。多个环保新政开始实施，区域生态安全得到明显提高。但由于江苏省各地级市在人口压力、社会经济发展水平及环境压力下，总体生态安全仍会出现下降趋势。

（2）江苏省各地级市区域生态安全指数变化趋势差异显著，区域内部存在联动效应。从空间上来看，江苏省各地级市区域生态安全指数演变趋势各不相同，无锡、徐州、常州和宿迁生态安全变化较为显著，区域生态安全等级发生改变，并对周边其他城市的区域生态安全产生一定影响，提高或降低周边其他城市区域生态安全水平，从而出现联动效应。

（3）工业污染物对区域生态安全的威胁性更大。江苏省区域生态安全影响因素中呈现出负相关的是城镇化、生态病理度、人口压力和大气环境压力，其中以工业污染物为主要表征的大气环境压力对江苏省各地级市区域生态安全的阻碍作用更大，如工业烟尘排放和工业 SO_2 排放等，要重视工业污染物的排放与处理。

第 11 章　区域生态安全的政策效应

第 10 章分析了江苏省各地级市区域生态安全格局演化特征及影响区域生态安全的主要因素，本章在区域生态安全格局演化的基础上，进一步探讨生态政策如何影响区域生态安全状况。由于城市化进程的加快引起了过度开发、环境污染和生态安全问题，我国出台了一系列生态环境保护政策，这些政策对区域生态安全的影响效果值得探讨。本章以江苏省为例，探讨生态文明体制改革政策对区域生态安全的影响效应，并提出政策建议。

11.1　引　　言

"加快建立生态安全体系"是习近平生态文明思想和核心体系之一，生态安全体系的建设主要从生态系统和环境保护两个层面发力。生态保护和环境保护是构建生态安全的屏障。其中生态保护强调对自然界原有的保护和恢复，环境保护指人类为解决环境问题，保护人类生存环境以及经济可持续发展而采取的各种行动的总称。生态安全体系建设不仅需要建设完善和稳定的生态系统，还包含维护生态系统以及应对区域性甚至全球性的生态安全问题。维护生态安全和加强生态文明建设是相辅相成的，维护生态安全是加强生态文明建设的必经之路和基本目标，是我们必须坚持守住的基本底线。2015 年 9 月，中共中央、国务院印发《生态文明体制改革总体方案》，提出"到 2020 年，构建起由自然资源资产产权制度、国土空间开发保护制度、空间规划体系、资源总量管理和全面节约制度、资源有偿使用和生态补偿制度、环境治理体系、环境治理和生态保护市场体系、生态文明绩效评价考核和责任追究制度等八项制度构成的产权清晰、多元参与、激励约束并重、系统完整的生态文明制度体系，推进生态文明领域国家治理体系和治理能力现代化，努力走向社会主义生态文明新时代。"自"十三五"以来,江苏省大力推进污染防治攻坚战,但是根据江苏省生态环境保护督察组 2021 年开展的生态环境保护专项督察结果显示,部分区和市出现生态环境保护决策部署不深入、环境基础设施建设和运行短板突出、污染防治攻坚成效不明显、环保督察反馈问题整改效果不明显等问题。因此要筑牢生态安全屏障,坚定不移地加强生态文明建设,统筹推进生态文明建设。

生态安全的政策供给研究包括环境治理政策效果评估[298]、生态保护补偿激励政策效果研究[299]、生态修复政策效果评价[300]、国家重点生态功能区设立的经济效果评估[301]。政策供给的研究集中在国家层面的污染治理政策评估[302]、区域层面的环境治理政策工具供给[298]、省级层面的生态保护政策供给[300]。通过对上述研究的梳理,发现目前有关生态安全的政策集中在环境治理效果或生态区环境保护政策层面,缺少生态政策的效应分析。方案改革的执行效果还需要运用定量的工具进行检验,并根据检验结果进行政策再评估。因此,本章探讨生态文明改革的政策效果,并用计量模型进行检验。

11.2　区域生态安全政策分析

党的十八大以来,生态环境保护发生历史性、转折性和全局性变化,政府出台了一系列国土空间管控、环境监管体制、环境经济激励、责任追究考核等全过程生态安全政策体系框架,但是整体上生态安全政策的制定和实施效果还需要进一步提高:其一是生态安全政策是否实现社会、生态、经济相协调;其二是生态安全政策间的协调性;其三是生态安全政策的考核机制需要不断完善。生态安全政策规划与政策实施通过对生态空间、城镇空间和农业空间的干预对生态安全产生影响。

根据政策执行综合模型框架,政策的有效性可以从政策问题的特性、政策本身及排除政策的其他因素这三个方面进行分析[303]。首先,针对政策问题的特性即生态文明体制改革的目标,理论制度层面是指到 2020 年完善八项制度,推进国家治理体系和治理能力的现代化建设;实践层面指提高国家生态安全水平。其次,聚焦于政策本身评估,可以通过政策文本工具、政策目标及政策作用三个维度分析政策实施的有效性[304]。最后,排除政策以外的因素如政府领导人关注度[305]和监督机制等。政策主体、主体互动及场域因素都会影响政策实施的最终效果[306]。本章结合政策本身的因素及政策问题的特性，从政策的顶层设计分析对区域生态安全的影响，考察 2015 年提出的生态文明体制改革措施对区域生态安全的影响效果，以期为进一步推动政策实施和提高区域生态安全水平提供启示和建议。

11.3　区域生态安全政策效应的研究方法与数据来源

11.3.1　研究区域和方法

生态文明体制改革文件的颁布对推动江苏省生态高质量发展、改善生态安全状况、优化资源配置目标有重要影响。本章研究江苏省地级市在政策出台前后区域生态安全的变化。

针对生态文明体制改革对区域生态安全的影响效果，现有的政策评估方法主要有倾向匹配得分法[307]、双重差分法[308]、工具变量法[309]等，但是以上方法更适合分析对照组和处理组在政策实施前后的效果对比，而断点回归模型更加贴近随机试验，同时也可以评估政策实施的有效性。断点回归模型是一种样本选择和数据生成的机制，通过这种机制构造局部随机实验，并在反事实下进行因果推断。当所有样本没有横截面上的差异，所有个体都在同一时间点实施了某政策时，不适用双重差分模型评估政策冲击，因此本章采用断点回归模型，分析某一时间点前后实施生态文明体制改革的区域生态安全状况，以衡量这一政策对区域生态安全的影响效果。

基于此，本章在已有文献的基础上，利用 2008～2020 年江苏省各地级市的面板数据，通过构建断点回归模型，估计生态文明体制改革工作对江苏省各地级市区域生态安全带来的政策影响，由于《生态文明体制改革总体方案》的实施是外生变量，在一定程度上避免了内生性问题。此外，本章为生态文明建设工作对江苏省的区域生态安全影响效果提供实证支持，为江苏省深入推进生态文明建设，打赢污染防治攻坚战提供理论依据。

11.3.2　变量选取与数据来源

在断点回归模型中，被解释变量为区域生态安全指数，区域生态安全指数根据第 10 章基于压力-状态-响应（PSR）模型经过标准化处理后，通过综合权重计算得出。驱动变量为 2015 年发布的《生态文明体制改革总体方案》。

控制变量包括地方财政状况、工业能耗、人员投入、其他污染，其中，地方财政状况包括地方财政一般预算内收入（$\ln c_1$）和地方财政一般预算内支出（$\ln c_5$），工业能耗以工业用电（$\ln c_2$）衡量，人员投入指农林牧渔业从业人员数（$\ln c_3$），其他污染采用可吸入细颗粒物年平均浓度（$\ln c_4$）表示。本章选取地方财政状况为控制变量的原因在于降低地方政府财政经济水平差距对生态环境保护造成的影响[310]；经济社会发展对电能供给量的需求旺盛，城镇化和信息化发展需要社会电气化水平的提高，工业用电量在一定程度上反映了城镇化和信息化发展水平，进而对城市的区域生态安全响应产生一定的影响；生态环境保护与产业结构有关联性，农林牧渔业从业人员作为第一产业从业人员对区域生态安全状况有一定的影响[311]；第10章采用工业 SO_2 排放量、工业烟尘排放量、工业废水排放量作为区域生态安全状态层影响因素，但是没有考虑可吸入细颗粒物对区域生态安全的影响效果，因此本章将其纳入控制变量中。

以上数据来源于《中国城市统计年鉴》（2009～2021 年）、《中国城市统计年鉴》（2009～2021 年）、2009～2021 年江苏各市统计年鉴及 2008～2020 年各地市政府公报。本章为消除数据的异方差问题、缩小数据之间的绝对差异、减少变量的波动对结果产生的影响，控制变量采用取对数的方式。

11.4　区域生态安全政策冲击的模型设计

为加强生态文明建设，江苏省将生态文明体制改革放在突出位置，大力推动绿色循环低碳发展，着力推动产业结构优化、供需结构调整、城乡结构优化，加快要素驱动向创新驱动发展转变。《江苏省政府 2015 年政府工作报告》中提出更大力度推进生态文明建设，持续加强大气污染防治、深入开展水污染治理、大力推进节能减排、全民加强生态环境保护意识。在生态文明体制改革落实前后，各地级市区域生态安全指数出现较大变化。因此本章使用 2015 年作为断点年份，以江苏省 13 个地级市区域生态安全为研究对象。

首先，针对2015年提出生态文明体制改革这一情况，设置虚拟变量 P_{it}，i 指研究对象，t 指年份，t_0 指体制改革发生的年份，为 2015 年。当 $t < t_0$ 时，$P_{it} = 0$，指 2015 年以前无体制改革；当 $t \geq t_0$ 时，$P_{it} = 1$，指 2015 年及以后有体制改革。根据改革时间及数据的可得性，选取 2008～2020 年为研究时间段。公式如下：

$$P_{it} = \begin{cases} 0, & t < t_0 \\ 1, & t \geqslant t_0 \end{cases} \tag{11-1}$$

本章中改革政策实施前后的概率变化由 0 变成 1，因此本章适用精确断点回归模型，具体模型如下：

$$\mathrm{ESI}_{it} = \alpha P_{it} + \beta(t - t_0) + \gamma P_{it}(t - t_0) + \delta X_{it} + \varepsilon_{it} \tag{11-2}$$

式中，ESI_{it} 指 i 市在第 t 年的区域生态安全指数；P_{it} 是虚拟变量，指 i 市在第 t 年是否实施政策改革；α 指生态文明体制改革试点对区域生态安全指数的测度；$t - t_0$ 指标准化处理后的时间变量，表示政策实施断点；β 指时间变量对区域生态安全指数的作用效果；γ 指斜率系数；δ 指回归系数；X_{it} 指控制变量的集合；ε_{it} 指随机误差项。

11.5　区域生态安全政策冲击的结果分析与讨论

11.5.1　政策冲击的断点回归结果分析

适用断点回归进行判断的依据是 2015 年前后样本区域的被解释变量出现明显的断点，出现这种断点可能与生态文明体制改革的实施有关。因此，以 2015 年作为时间断点，可结合图 11-1 观察生态文明体制改革前后地级市区域生态安全状况。图 11-1 中横坐标为时间断点，纵坐标为区域生态安全指数。江苏省的区域生态安全状况在 2015 年有了明显的提升，出现"跳跃点"。图 11-1 意味着当驱动变量超过断点时，改善了江苏省区域生态安全状况，由此可以得出断点回归模型适用于本章生态文明体制改革的效应研究。

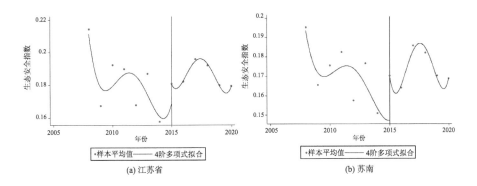

(a) 江苏省　　　　　　　　(b) 苏南

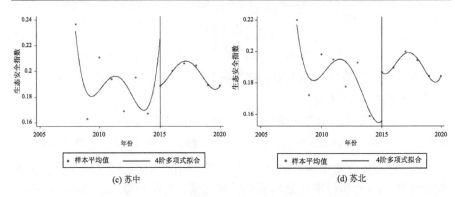

图 11-1　江苏省、苏南、苏中、苏北断点图

　　值得注意的是，苏南、苏中和苏北地区区域生态安全状况在断点处有明显的"跳跃点"，仅苏中的区域生态安全状况出现下降的趋势。分析其主要原因是生态环境保护决策部署落实不到位，如南通市生态环境保护力度不够、水污染防治工作力度不够强化、大气减排项目推进力度不够；扬州市传统行业绿色转型进度缓慢、电镀行业布局散且隐患大、京杭运河及重要支流非法码头整治不到位、城镇污水收集处理设施建设滞后等。但是在驱动因素实施之后，江苏省、苏南、苏中和苏北存在先上升后下降的波动趋势，可能原因在于《关于加快推进生态文明建设的意见》和《生态文明体制改革总体方案》实施以后，多种配套制度和机制对区域生态安全产生不同的影响。综上，总体来看，本章构造的断点回归模型满足断点回归的前提，由此可以进一步分析生态文明体制改革与江苏省区域生态安全状况之间的因果关系。

　　在本章中，年份变量为分组变量，生态文明体制改革是驱动变量，年份变量不受人为控制，因此可以满足驱动变量的客观性要求。根据表 11-1 的结果，生态文明体制改革对地方财政状况、工业能耗、人员投入、其他污染的影响不显著，江苏省、苏南、苏中、苏北所有控制变量在断点处满足平滑性要求，未出现跳跃现象。因此，本章中使用的断点回归方法与其他控制变量不存在断点效应，进一步证明了生态文明了体制改革适合使用断点回归模型。

表 11-1　协变量连续性检验结果

变量	江苏省	苏南	苏中	苏北
地方财政一般预算内收入	−0.2160	−0.1360	−0.1320	−0.3070[*]
	（0.1860）	（0.3360）	（0.2090）	（0.1720）

变量	江苏省	苏南	苏中	苏北
工业用电	0.0041	0.0046	0.00755	0.0013
	(0.2130)	(0.3550)	(0.1210)	(0.1940)
农林牧渔业从业人员数	0.0876	−0.0212	0.0000	0.2360
	(0.4340)	(0.4370)	(0.6980)	(0.7090)
可吸入细颗粒物年平均浓度	0.0269	0.0606	0.0065	0.0030
	(0.0864)	(0.06840)	(0.2440)	(0.1120)
地方财政一般预算内支出	−0.1690	−0.1180	−0.1230	−0.2020
	(0.1410)	(0.2990)	(0.1800)	(0.1500)
样本量	169	65	39	65

注：括号内为 t 统计量；*代表 10%的显著性水平。

11.5.2　生态文明体制改革的政策影响

初步判定断点回归模型适合研究生态文明体制改革对江苏省区域生态安全状况的影响后，进一步分析断点回归结果。通过表 11-2 中回归结果可知，生态文明体制改革对江苏省、苏中、苏北地区的区域生态安全存在一定的影响。在最优带宽下，生态文明体制改革的实施促进了江苏省、苏中、苏北地区区域生态安全状况的改善，对苏中地区的改善效果最明显，对苏南地区的区域生态安全状况没有显著的影响。造成这种结果的主要原因是：一是苏中地区仅有三个城市，样本量造成回归结果与图 11-1 不一致，也进一步表明苏中地区对生态文明体制改革的敏感性较高；二是图 11-1 中苏中地区 2015 年之后的区域生态安全状况总体比 2015 年之前要好，进一步表明生态文明体制改革的重要性；三是苏南地区生态安全状况在未改革前发展势头就较好，因此政策效果在苏南地区的影响不是很明显。综上所述，从全省来看，生态文明体制改革的试点在全域是有显著正向影响的，但是在苏南、苏中和苏北各区域有空间差异。

表 11-2　江苏省及苏南、苏中、苏北区域生态安全状况断点回归估计结果

变量	江苏省		苏南		苏中		苏北	
政策效应	0.0251***	0.0251***	0.0186	0.0186	0.0321**	0.0321**	0.0274**	0.0274**
	(0.0073)	(0.0073)	(0.0129)	(0.0129)	(0.0145)	(0.0145)	(0.0118)	(0.0118)
控制变量	否	是	否	是	否	是	否	是
样本量	169	169	65	65	39	39	65	65

注：括号内为 t 统计量；***、**分别代表 1%和 5%的显著性水平。

11.5.3　模型的稳健性检验

1. 不同带宽回归

本章采用改变带宽回归的方法检验模型的稳健性，选取最优带宽的50%、100%、200%三种带宽对模型进行稳健性检验，结果如表11-3所示。在江苏省及苏南、苏中、苏北地区的回归结果中，在最优带宽的200%条件下，江苏省和苏南、苏北地区回归结果显著；在100%和50%带宽条件下，江苏省和苏中、苏北地区回归结果显著。总体来看，江苏省全域在不同带宽条件下回归结果皆显著，但是苏南、苏中和苏北地区在不同带宽中有不同的显著性结果，生态文明体制改革效应为正，表明该改革对区域生态安全具有提升作用。

表 11-3　不同带宽的稳健性检验

带宽	江苏省		苏南		苏中		苏北	
200%	0.0667***	0.0667***	0.0506*	0.0506*	0.0660	0.0660	0.0831***	0.0831***
	(0.0174)	(0.0174)	(0.0282)	(0.0282)	(0.0421)	(0.0421)	(0.0314)	(0.0314)
100%	0.0251***	0.0251***	0.0186	0.0186	0.0321**	0.0321**	0.0274**	0.0274**
	(0.0073)	(0.0073)	(0.0129)	(0.0129)	(0.0145)	(0.0145)	(0.0118)	(0.0118)
50%	0.0241***	0.0259***	0.0179	0.0192	0.0296**	0.0296**	0.0270**	0.0270**
	(0.0074)	(0.0073)	(0.0130)	(0.0129)	(0.0143)	(0.0143)	(0.0121)	(0.0121)
控制变量	否	是	否	是	否	是	否	是
样本量	169	169	65	65	39	39	65	65

注：括号内为 t 统计量；***、**、*分别代表1%、5%和10%的显著性水平。

2. 替换核心变量

本部分通过替换核心被解释变量进行断点回归，以此判断本章结果的稳健性。区域生态安全状况基于压力-状态-响应（PSR）模型测算得出，其中压力指造成区域生态安全状况的人类活动和经济社会活动；状态指区域生态安全状态，呈现特定时间阶段环境状态或环境变化情况；响应指人类为改善区域生态安全状况所采取的对策和行动。因此本部分将压力层、状态层、响应层分别作为被解释变量进行断点回归，回归结果如表11-4所示。对江苏省区域生态安全综合指数、压力层指数、状态层指数、响应层指数来说，政策效应是显著的，其中压力层和状态层表现为负面效应，响应层表现为正面效应。

表 11-4　替换被解释变量的稳健性检验

变量	江苏省		压力层		状态层		响应层	
政策效应	0.0251***	0.0251***	−0.0123***	−0.0123***	−0.0098**	−0.0097**	0.0416***	0.0416***
	(0.0073)	(0.0073)	(0.0040)	(0.0040)	(0.0042)	(0.0041)	(0.0112)	(0.0112)
控制变量	否	是	否	是	否	是	否	是
样本量	169	169	65	65	39	39	65	65

注：括号内为 t 统计量；***、**分别代表 1%、5%的显著性水平。

3. 排除其他驱动因素干扰

本部分为了排除其他政策或外生因素对模型的干扰，采用 2012 年和 2018 年作为年份分组变量，对其进行断点回归，以此判定本章结果的稳健性。回归结果见表 11-5，与 2015 年作为分组变量的结果不同，当以 2012 年和 2018 年作为分组变量时，政策效应不显著，且 2012 年虚拟政策效应为负值。由此可知，2015 年发布的生态文明体制改革对江苏省的区域生态安全具有显著的促进作用，证明了本章结论的稳健性。

表 11-5　排除其他驱动因素干扰

变量	2012 年		2015 年		2018 年	
政策效应	−0.0084	−0.0084	0.0251***	0.0251***	0.0080	0.0090
	(0.0076)	(0.0076)	(0.0073)	(0.0073)	(0.0071)	(0.0071)
控制变量	否	是	否	是	否	是
数量	169	169	169	169	169	169

注：括号内为 t 统计量；***代表 1%的显著性水平。

11.6　区域生态安全政策效应的研究启示

自从生态文明体制改革文件出台以来，江苏省多次实施生态环境保护督察工作，在资源节约利用方面、环境污染治理效果方面、环境质量方面、生态保护修复力度方面都有了改善。根据江苏省《2015 年全省生态文明建设满意度调查报告》，未来生态文明建设要更加突出人民群众对环境质量的需求；苏南、苏中、苏北地区生态文明建设推进程度不同及环境保护要求不同，因此要针对各自的突出问题深入贯彻落实生态文明体制改革。根据本章的研究，可以从以下几个方面更加深入地提高区域生态安全水平。

（1）加大生态文明决策部署力度，缩小区域差距。2015年，发布了《中共中央 国务院关于加快推进生态文明建设的意见》（以下简称《意见》）和《生态文明体制改革总体方案》（以下简称《方案》），《意见》中明确生态文明建设是中国特色社会主义事业的重要内容，关系人民福祉，关乎民族未来，事关"两个一百年"奋斗目标和中华民族伟大复兴中国梦的实现。之后出台了一系列重大部署以推动生态文明建设。考虑到生态文明体制改革内容的复杂性，市级层面的生态环境决策部署力度不足，省级政府应加大对市级政府的政策支持、人才支持和技术支持，加快苏北、苏中和苏南地区的生态文明体制改革进程，缩小区域差异，提升江苏省区域生态安全水平。

（2）充分发挥八个政策牵引力，切实保障改革效果。《方案》提出，到2020年，构建起由自然资源资产产权制度、国土空间开发保护制度、空间规划体系、资源总量管理和全面节约制度、资源有偿使用和生态补偿制度、环境治理体系、环境治理和生态保护市场体系、生态文明绩效评价考核和责任追究制度等八项制度。省政府和市级政府继续加大生态文明体制改革力度，充分利用八个政策的牵引力，因地制宜实施体制制度。

（3）深入贯彻生态环境响应举措，实现国家治理能力和体系现代化。自《方案》实施以来，紧紧围绕八个改革制度，着力推动生态文明体制改革，加强科技创新和信息化建设，提升自然资源治理体系和治理能力现代化水平。通过提高工业废弃物综合利用率、增加环保投入、提升环保关注度、扶持绿色专利申请、提高污染物去除率等举措，深入贯彻生态安全响应层面的决策部署，以应对人类活动给生态安全造成的压力，提升生态、城镇、农业空间生态安全状态，实现国家治理体系和治理能力现代化。

11.7 本章结论

本章利用江苏省2008～2020年地级市面板数据，使用断点回归模型分析生态文明体制改革对江苏省各地级市区域生态安全状况的影响。本章的主要贡献包括以下两点：一是生态文明体制改革措施的落实提升了江苏省各地级市的区域生态安全状况，但是其影响效果在江苏省全域和苏南、苏中、苏北地区呈现异质性；二是生态文明体制改革作为统领性方案推动八项制度改革措施陆续落地，进而导致江苏省区域生态安全状况产生波动。研究结论如下。

（1）通过断点回归图形可知，生态文明体制改革作为驱动变量，2015年，江苏省和苏南、苏中、苏北地区都存在明显的断点，但是 2015 年之后区域生态安全状况整体表现为明显的先上升后下降又继续上升的趋势。结果表明区域生态安全状况具有不稳定性，江苏省在大力推行生态文明体制改革方面还有很大提升空间。

（2）根据江苏省和苏南、苏中、苏北地区断点回归结果来分析生态文明体制改革对区域生态安全状况的影响，发现生态文明体制改革提升了江苏省和苏中、苏北地区的区域生态安全，但是影响效果有差异，生态文明体制改革对苏南地区的影响效果不显著。苏中地区的政策效应明显高于苏北地区、苏南地区和省级层面的政策效应，表明生态文明体制改革的重点是抓住苏中地区的生态环境保护、水污染治理、大气污染治理、废弃物管理，同时不放松对苏南地区持续加强生态环境保护措施，加大对苏北地区生态环境决策部署措施的实施力度。

（3）生态文明体制改革对苏北地区的影响效果更加显著，具体表现为：在 200%、100%及 50%带宽下，生态文明体制改革对苏北地区的区域生态安全都有显著的提升作用。其中，在 200%带宽下最为明显，生态文明体制改革对苏北地区的区域生态安全状况带动作用为 0.0831，在 100%和 50%带宽下的提升效果没有区别，皆在 0.03 左右。由此可知，生态文明体制改革任重道远，还需要全省的集体努力，加强生态文明建设，提高全域生态安全。

第 12 章　区域生态安全的影响机制

第 11 章探讨了生态环境政策如何影响区域生态安全状况。区域生态安全除了受政策影响外，还受多种因素的影响，比如生态环境状况、能源利用情况、环境治理水平等。本章通过构建双重固定效应模型，分析环境规制、能源生态效率、生态环境质量影响区域生态安全的内在机理，进一步探讨区域生态安全的影响机制，为生态环境保护提供对策。

12.1　引　　言

全球生态安全已成为当今世界的热点问题，2021 年联合国环境规划署指出生态环境的退化已经影响到约 32 亿人的福祉（约占世界总人口的 40%），国际社会和各国政府为推进环境保护和可持续发展做出努力并取得了一定的成效，但人类影响所导致的环境问题根深蒂固，生态修复、环境治理任重而道远[312]。我国作为发展中国家，能源储量丰富但人均能源储量偏低，传统以 GDP 为主导的发展模式导致生态环境"超载"、环境成本"透支"的现象尚未得到根本缓解。2022 年 10 月，党的二十大报告提出我国生态环境保护任务依然艰巨，将"人与自然和谐共生的现代化"上升到"中国式现代化"的内涵之一，推进生态优先、节约集约、绿色低碳发展[313]。江苏省位于我国东部，属于我国较发达的省份之一，第二产业是财政的重要来源，工业废弃物排放量多，生态环境压力大。例如，工业废水排放量大，水质改善成果脆弱，汛期的污染强度大，制约了环境质量持续改善；江苏省海域以滩涂为主，环境容量小，扩散条件差；汽车尾气和工业源等 $PM_{2.5}$ 来源难以精准监测施策；有机化工行业溶剂调配、储存、运输等过程密闭处理不到位等。诸如此类资源、环境和生态的约束趋紧影响了江苏省区域生态安全[314]，为推动生态环境质量改善，江苏省生态环境厅和江苏省财政厅印发了《江苏省生态安全缓冲区工程试点补助办法（试行）》等。颁布的规章办法旨在通过环境规制等手段维持区域生态安全，如何更好地使用该手段及其影响机制仍需深入探讨。

区域生态安全受到多方面因素影响，学者们从经济、环境、能源、社会的角度分析了区域生态安全的影响因素。一是经济方面的影响因素，包括地质灾害直接经济损失、经济密度、农作物成灾率等，开发水平、经济发展及生态病理度与区域生态安全有显著的负相关性，以工业总产值、区域开发指数为表征的开发水平和病理度对区域生态安全的阻碍作用更大[96]。二是环境方面的影响因素，包括水土协调度、自然保护区面积比重等，目前粮食主产区影响农业生态安全水平的主要障碍因子为城镇化水平、化肥施用强度、农药施用强度、农膜施用强度和复种指数[97]。三是能源方面的影响因素，包括能源消费弹性系数、农业机械化水平、煤炭消费量占能源总消费量的比例等，积极开发和引进新技术，以及提高资源、能源的利用效率有利于区域生态安全[315]。四是社会方面的影响因素，包括人口数量和人口素质等，城镇化、社会发展及技术进步与城市群生态安全有显著的正相关性，其中以生活垃圾无害化处理率、就业率因子为表征的社会发展水平对区域生态安全促进作用最大[316]。以上研究成果集中于区域生态安全的经济、社会等影响因素单一视角，缺少以能源、环境和生态相结合的框架来研究区域生态安全问题的成果。因此，本章以江苏省地级市为研究对象，基于 2008～2020 年的面板数据，构建双重固定效应模型，探索环境规制、生态环境质量、能源生态效率与区域生态安全之间的关系，旨在为江苏省及各地级市的区域生态安全维护提供参考。

12.2　环境规制与区域生态安全的理论分析和研究假设

生态安全是复合生态系统的重要内容之一，是人类社会、经济活动和自然条件共同组合而成的生态功能统一体，社会、经济、自然三个子系统有着各自的结构、功能、存在条件和发展规律，都会影响生态安全[141]。各系统的存在和发展受其他系统结构和功能的制约，由人这一"耦合器"耦合成为复合生态系统。分析人类社会的生态安全，就是要分析复合生态系统的发生、发展和变化规律，以及复合生态系统中的物质、能量、价值、信息的传递和交换等各种作用关系。复合生态系统本质是有关生态安全可持续发展的理论，故对环境规制（社会子系统）、能源生态效率（经济子系统)、生态环境质量(自然子系统)的研究有利于剖析生态安全的影响机制。

12.2.1　环境规制与区域生态安全

作为政府规制的重要组成部分,政府对环境污染行为进行直接和间接的环境规制,以实现对环境污染的控制和生态环境的改善,有利于区域生态安全的稳定[317]。环境污染存在时间维度上的路径依赖性和空间维度上的外溢效应,在时空双维度上呈现累积、交叉的演变特征,严格的环境规制政策不仅能够直接降低污染排放,还能够通过间接途径对区域生态安全产生影响[318]。区域生态安全作为国家生存与发展的基础,已逐渐渗透到经济、政治、文化、科技、信息、军事、国防等领域,成为国家一切安全的资源依托和基础保障,并愈益发展为国际安全体系中的重要内容和环节,受到环境规制的约束[319]。为探讨环境规制对区域生态安全的影响,提出以下假设。

假设 H1:环境规制对区域生态安全的提高具有正向影响。

12.2.2　环境规制与区域生态安全的传导机制

环境规制作为政府干预和解决环境治理问题的重要抓手具有不可替代性,合理的环境规制能积极推动生态环境改善,政府的正式环境规制与非正式环境规制均能降低污染物排放[320],同时各地区呈现明显的地区异质性[321]。"波特假说"认为合理的环境规制可以激励企业对技术开发进行投资,在经济增长的同时提高生态环境质量[39]。环境规制工具借助经济激励手段,间接引导企业减少污染物排放,包括环保投资和排污权收费等,环境政策对提高生态环境质量有显著效果[322]。生态环境质量中的气候变化是区域生态安全的影响因素,恶劣的环境条件不利于区域生态安全的稳定[323]。生态环境质量中的降水量[315]、生活垃圾无害化处理率[315]对区域生态安全有正向作用;人均粉尘排放量[315]、$PM_{2.5}$ 浓度等生态环境质量指标被证明对区域生态安全有负向作用[316]。据此,本章提出以下假设。

假设 H2:环境规制通过生态环境质量促进区域生态安全。

12.2.3　能源生态效率对环境规制和生态环境质量的调节作用

能源生态效率是为了衡量经济活动的环境绩效,通过运用经济活动中的产出对环境造成影响的比例,来衡量环境和能源资源对经济活动的影响[324]。环境规制能够显著提高能源生态效率[202]。能源生态效率将经济生产与环境因素结合在一起,能够有效提升生态环境质量。政府支持力度的加大在一定程度上能够有效提升能源利用技术，改善环境质量[325]，提高能源生态效率[326]。本章为探究能源生态效率对环境规制和生态环境质量的影响，提出以下假设。

H3：能源生态效率正向调节环境规制与生态环境质量的关系。

基于上述假设，构建模型如图 12-1 所示。

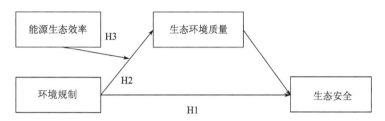

图 12-1　能源生态效率与环境规制和生态环境质量的关系概念模型

12.3　研究方法和数据来源

12.3.1　研究方法

本章结合我国生态文明建设的总体目标，以环境规制对区域生态安全的影响机制为核心，构建区域生态安全综合指数，考虑环境规制、能源生态效率、生态环境质量与区域生态安全之间的影响机制，构建双重固定效应模型[327]。

（1）基准回归。为研究环境规制对区域生态安全的影响，建立固定效应模型如下：

$$\mathrm{ES}_{it} = \alpha_0 + \alpha_1 \mathrm{ER}_{it} + \alpha_2 c_{it} + \sum \mathrm{Year} + \sum \mathrm{Ind} + \varepsilon \qquad (12\text{-}1)$$

（2）机制检验。建立固定效应模型如下：

$$\mathrm{EQ}_{it} = \beta_0 + \beta_1 \mathrm{ER}_{it} + \beta_2 c_{it} + \sum \mathrm{Year} + \sum \mathrm{Ind} + \varepsilon \qquad (12\text{-}2)$$

（3）调节效应。建立固定效应模型如下：

$$\mathrm{EQ}_{it} = b_0 + b_1 \mathrm{ER}_{it} + b_3 \mathrm{ER}_{it} \times \mathrm{EEE}_{it} + b_4 c_{it} + \sum \mathrm{Year} + \sum \mathrm{Ind} + \varepsilon \qquad (12\text{-}3)$$

式中，i 为样本；t 为年份；ER、EQ、EEE 和 ES 分别表示经过中心化处理后的环境规制（environmental regulation）、生态环境质量（ecological environmental quality）、能源生态效率（energy ecological efficiency）和生态安全（ecological security）；c_{it} 为所有控制变量；Year 和 Ind 为年份和城市虚拟变量；α、β、b 为回归系数；ε 为随机误差项。

12.3.2　数据来源

本章的数据来源于江苏省各地市统计年鉴、环境质量公告、《中国统计年鉴》（2009～2021 年）、《中国环境统计年鉴》（2009～2021 年）、《中国城市统计年鉴》（2009～2021 年）等。为缓解极端值的影响，对样本连续变量的数据进行了 1% 和 99% 分位的缩尾（winsorize）处理。

（1）被解释变量：生态安全（ES）。测算参见第 10 章。

（2）解释变量：环境规制（ER）。由于环境规制的实施依赖于地区环境污染现状、政府管制意愿等，不同区域推行的规制政策强度也存在空间差异，而文本分析法是环境规制程度测算的一种方法[328]，满足工具变量外生性假定。地方政府工作报告一般在年初发布，而生态安全是全年的综合指标，从而有效规避了"反向因果"所引起的内生性问题[329]。首先，收集 2008～2020 年江苏省各地市的政府工作报告，再对政府工作报告文本进行分词处理，统计与环境相关的词汇出现的频次，并计算其占政府工作报告全文词频总数的比例；其次，基于《中国城市统计年鉴》（2009～2021 年）中地级市以上城市的规模以上工业企业数构建地级市规模以上工业企业占比数据，再将其与政府工作报告中与环境污染相关词汇出现频数的比重交乘；最后，得到各城市正式环境规制指标，其数值大小反映了各地级市政府对环境污染问题的重视程度，数值越大，环境规制强度越大。通过梳理江苏省各地级市政府工作报告可知，各地级市政府工作报告中有关环境保护的内容呈波动上升的趋势，"低碳""绿色""雾霾"等词汇出现频率越来越高，显示出政府对区域生态安全的重视程度逐年加强。

（3）调节变量：能源生态效率（EEE）。测算参见第 6 章。

（4）机制变量：生态环境质量（EQ）。生态环境是资源、环境与社会协调发展的复合体。生态环境质量是一个综合概念，鉴于用单个指标难以全面衡量和体现生态环境质量，本章借鉴邢艳春等[330]关于生态环境质量测度的研究，通过熵权法构建包括生态指标和环境指标的体系，以生活垃圾无害化处理率、耕地生产效率、$PM_{2.5}$ 排放量、日照、降水量、温度建立的生态环境综合评价指标体系为基础。对于生态环境质量评价指标，以极差法对各指标数据进行标准化后再采用熵权法进行处理，最终得到各综合评价指数。在构建指标体系时，为体现生态环境福利的非减化发展诉求，区分正向和负向指标，最终构建的指标体系如表 12-1 所示。

表 12-1　生态环境质量评价指标体系

机制变量	指标名称	属性	参考文献
生态环境质量	生活垃圾无害化处理率	+	邢艳春等[330]
	耕地生产效率	+	杨悦等[331]
	PM$_{2.5}$ 排放量	–	胡美娟等[332]
	日照	+	杨万平和赵金凯[333]
	降水量	+	
	温度	+	

注："+"指正向指标；"–"指负向指标。

　　（5）控制变量：生态安全与各地级市的属性具有密切关系，因此本章分别选取相关变量予以控制（表12-2）：①地区工业企业规模（EADS）。由地区规模以上工业企业单位数表示，企业作为能源生态效率的主体，其能源生态效率影响了区域生态安全。②对外开放程度（Open）。外资的进入可能对生态环境产生影响，用城市实际利用外商直接投资占 GDP 总额的比重表示对外开放程度。③政府干预力度（Gov）。用人均地方财政支出表征，财政支出体现了政府对于社会治理的干预，对生态安全产生间接影响。④产业结构（Struc）。用第二产业占地区生产总值的比重表示。为比较各因素的影响程度大小，将控制变量进行离差标准化处理。

表 12-2　变量衡量方法

变量	符号	变量名称	变量解释	参考文献
被解释变量	ES	生态安全	参考第 10 章测算结果	
解释变量	ER	环境规制	政府工作报告中环保相关关键词频数占全文的比例	孙慧和扎恩哈尔·杜曼[328]
调节变量	EEE	能源生态效率	参考第 6 章测算结果	
机制变量	EQ	生态环境质量	参考表 12-1 的指标体系	邢艳春等[330]
控制变量	EADS	地区工业企业规模	规模以上工业企业数	张鑫等[321]
	Open	对外开放程度	城市实际利用外商直接投资占 GDP 总额的比重	沈坤荣等[334]
	Struc	产业结构	第二产业占地区生产总值的比重	
	Gov	政府干预力度	人均地方财政支出	王旭霞等[335]

12.4 环境规制与区域生态安全的结果分析

12.4.1 环境规制与区域生态安全指数的描述性统计

数据经过标准化处理后，得出表 12-3 的描述性统计结果，其中区域生态安全最大值与最小值相差较大，说明江苏省各地级市之间的区域生态安全情况存在明显差距。无锡、苏州、南京区域生态安全指数较高，镇江、宿迁区域生态安全指数较低。与之对应的是环境规制差距也比较大，南京、苏州等地级市的政府对于环境保护的关注度高于宿迁、泰州等。从生态环境质量来看，徐州和盐城的生态环境质量表现较好，镇江和常州的生态环境质量有待提高。从能源生态效率来看，不同地区之间能源的投入产出比差别较大，苏州和南京等地能源生态效率值最高，宿迁和泰州等地能源未得到有效利用。

表 12-3 描述性统计

变量	观测值	均值	标准差	最小值	中位数	最大值
ES	169	0.482	0.022	0.438	0.462	0.493
ER	169	0.004	0.001	0.001	0.004	0.007
EQ	169	0.494	0.136	0.226	0.481	0.790
EEE	169	0.953	0.239	0.477	1.000	1.598
EADS	169	8.078	0.548	6.893	7.961	9.513
Gov	169	9.048	0.608	7.546	9.068	10.296
Open	169	0.005	0.003	0.001	0.004	0.012
Struc	169	0.485	0.050	0.359	0.480	0.592

12.4.2 环境规制与区域生态安全的皮尔逊相关性分析

表 12-4 为变量的皮尔逊相关系数矩阵。可以看出，环境规制对区域生态安全存在显著的正相关关系（$r=0.211$，$p<0.01$），此外，变量间大多存在显著的相关关系，且相关系数均小于 0.6，结合方差膨胀因子检验多重共线性，各变量间方差膨胀因子（VIF）最大为 3.96，远小于临界值 10，表明变量间不存在严重的多重共线性问题。

表 12-4　皮尔逊相关性分析结果

变量	ES	ER	EADS	Gov	Open	Struc	VIF
ES	1.000						2.57
ER	0.211***	1.000					1.30
EADS	0.529***	−0.010	1.000				2.50
Gov	0.376***	0.273***	0.391***	1.000			3.96
Open	0.082	−0.110	0.221***	−0.322***	1.000		2.51
Struc	−0.171**	0.089	0.391***	0.551***	−0.294***	1.000	2.59

***、**分别表示在 1%、5%的水平下显著。

12.4.3　环境规制与区域生态安全的回归分析

1. 基准回归结果分析

从表 12-5 来看,环境规制对生态安全在 1%水平下有显著的正向影响,环境规制对生态安全的回归系数为 3.110,提高环境规制强度具有重要的现实意义。本章的经验证据表明,各级政府应树立较强的环境保护意识,将环境问题作为一项战略问题,并落实到日常的工作和经济政策的制定过程中,同时各级环保部门应该严格执法,使目前的环境规制能够在执法中得到贯彻执行。综上,假设 H1 得到验证,环境规制对生态安全的稳定具有正向影响。

表 12-5　回归分析结果

变量	ES
ER	3.110***
	（4.706）
EADS	0.014**
	（2.330）
Gov	0.005
	（1.241）
Open	−0.058
	（−0.115）
Struc	−0.208***
	（−4.056）

续表

变量	ES
常数	0.345***
	（5.971）
年份效应	是
个体效应	是
样本量	169
调整后 R^2	0.656
F	20.579

注：括号内数值为 t 值；***、**分别表示在 1%、5%的水平下显著。

2. 机制检验

表 12-6 检验了环境规制对生态环境质量的影响。结果显示，在不加控制变量的情况下，环境规制对生态环境质量在 10%水平下有显著的正向影响。在加入控制变量后，环境规制对生态环境质量仍然显著，但影响系数略有下降。可以发现，环境规制实施后，江苏省生态环境质量明显提升。政府是环境规制的主体，江苏省各地级市政府主要通过一系列污染控制政策激励企业采用更清洁的生产技术，借助政府与市场的力量，出台一系列环境治理的政策、法规、制度等提高环境规制强度，有利于江苏省生态环境协调发展。相关研究显示，生态环境质量是影响区域生态安全的重要因素[323]。例如，耕地生态系统可为人类社会发展提供所需要的耕地资源，及时捕捉到可利用耕地资源数量的变化，可确保用于耕作的耕地能够充分满足区域生态安全保障需求[336]。此外，生活垃圾无害化处理率的提高也能引起区域生态安全指数上升[315]。综上，假设 H2 得到验证，环境规制通过生态环境质量促进区域生态安全。

表 12-6　机制检验结果

变量	不加控制变量的 EQ	加控制变量的 EQ
ER	3.308*	2.745*
	（1.946）	（1.674）
EADS		−0.025*
		（−1.681）
Gov		−0.038***
		（−4.288）

续表

变量	不加控制变量的 EQ	加控制变量的 EQ
Open		1.444
		(1.143)
Struc		−0.255**
		(−1.991)
常数	0.523***	1.133***
	(56.043)	(7.996)
年份效应	是	是
个体效应	是	是
样本量	169	169
调整后 R^2	0.820	0.843
F	60.717	54.954

注：括号内数值为 t 值；***、**、*分别表示在 1%、5%、10%的水平下显著。

3. 调节效应分析

从表 12-7 来看，环境规制和能源生态效率的交乘项（ER×EEE）在 10%水平下对生态环境质量有显著的调节作用，进一步优化能源生态效率是提高生态环境质量的重要支撑。环境规制通过提高污染排放的相对成本，倒逼企业研发绿色产品和改进生产工艺，引导企业的技术创新从非清洁向清洁转型，以更低成本、更高效率实现减排目标与经济目标的平衡。我国的污染控制政策总体上对提高能源生态效率起到了积极作用，这种作用主要通过环境规制实现。假设 H3 得到检验，能源生态效率正向调节环境规制与生态环境质量的关系。

表 12-7　回归分析结果

变量	EQ
EEE	−0.007
	(−0.539)
ER×EEE	2.898*
	(1.761)
EADS	−0.021
	(−1.380)
Gov	−0.043***
	(−4.398)

续表

变量	EQ
Open	1.522
	（1.198）
Struc	−0.272**
	（−2.117）
常数	1.155***
	（7.560）
年份效应	是
个体效应	是
样本量	169
调整后 R^2	0.841
F	51.091

注：括号内数值为 t 值；***、**、*分别表示在1%、5%、10%的水平下显著。

12.4.4　环境规制与区域生态安全的稳健性检验

（1）环境规制涵盖空气污染治理、环境保护建设项目投资等多个领域，其产生的联动作用能够提升经济体环境保护意识。然而，从短期角度来看，环境规制的影响具有滞后性，其效果不会快速显现。为检验上述结果的准确性与可靠性，通过环境规制滞后一阶对"环境规制→生态安全"模型进行稳健性检验，结果在1%的水平下显著，表明研究结果稳健，如表12-8所示。

表 12-8　稳健性检验

变量	ES
L.ER	1.834***
	（2.637）
EADS	0.014**
	（2.124）
Gov	0.000
	（0.001）
Open	−0.221
	（−0.384）
Struc	−0.234***
	（−4.512）

续表

变量	ES
常数	0.403***
	（6.201）
年份效应	是
个体效应	是
样本量	156
调整后 R^2	0.642
F	19.096

注：L.ER 指环境规制变量滞后一阶；括号内数值为 t 值；***、**分别表示在 1%、5%的水平下显著。

（2）出于 2020 年的新冠病毒疫情影响了生产生活等诸多方面，故排除 2020 年新冠病毒疫情对于企业停工的影响，基于 2008～2019 年的数据进行检验，结果在 1%的水平下仍然显著（表 12-9），表明研究结果稳健。

表 12-9　排除特殊年份的稳健性检验

变量	未添加稳健性检验的 ES	添加稳健性检验的 ES
ER	3.452***	2.884***
	（5.137）	（4.520）
EADS		0.024***
		（4.002）
Gov		−0.000
		（−0.136）
Open		−0.026
		（−0.055）
Struc		−0.184***
		（−3.496）
常数	0.400***	0.297***
	（111.324）	（5.368）
年份效应	是	是
个体效应	是	是
样本量	156	156
调整后 R^2	0.551	0.616
F	17.839	17.265

注：括号内数值为 t 值；***为在 1%的水平下显著。

12.4.5　环境规制与区域生态安全的内生性分析

回归分析的一个关键问题是克服变量的内生性。在本章中，环境规制能够影响区域生态安全，同时区域生态安全也有可能会反过来影响政府的环境规制，从而造成内生性问题。为检验模型是否存在内生性问题，采用系统广义距估计（GMM）方法进行回归，以排除内生性问题，计算结果如表 12-10 所示。基于 GMM 方法的回归分析结果表明，上述结论没有发生根本性改变。

表 12-10　更换模型的稳健性检验

变量	未添加稳健性检验的 ES	添加稳健性检验的 ES
L.ES	0.427***	0.279**
	(4.139)	(2.321)
ER	1.480***	1.516***
	(4.366)	(5.127)
EADS	0.007	0.003
	(1.445)	(0.530)
Gov	0.012	0.011
	(1.541)	(1.485)
Open	−1.967**	−2.283**
	(−1.996)	(−2.380)
Struc	−0.241***	−0.190***
	(−2.732)	(−2.629)
年份效应	是	是
个体效应	是	是
样本量	143	143
AR（1）	0.004	
AR（2）	0.403	
Sargan	0.308	

注：L.ES 指环境规制变量滞后一阶；AR（1）指一阶自相关检验；AR（2）指二阶自相关检验；Sargan 指过度识别检验；括号内数值为 t 值；***、**分别表示在 1%、5%的水平下显著。

12.5　环境规制与区域生态安全的讨论与启示

12.5.1　结果讨论

（1）环境规制显著正向影响区域生态安全。"荒山造林"和"退耕还林"

等生态政策的实施对区域生态安全具有重要影响[323]。环境规制的领域主要包括大气污染、水污染、有毒物质使用、有害废物处理和噪声污染等。环境污染是一种负外部性行为，对这类行为进行规制就是要将整个社会为其承担的成本转化为其自身承担的私人成本，从而降低社会面的生态风险，提高生态安全水平。政府的环境规制以保护环境为目的，对污染公共环境的各种行为进行规制。通过制订环境标准、污染物的排放标准及技术标准等，建立排污收费或征税制度、排污权交易制度等途径，有利于降低环境风险，维护区域生态安全。

（2）环境规制通过生态环境质量影响区域生态安全。生态环境质量的高低在很大程度上决定了环境规制政策在多大程度上被转化和利用，政府对于环境的规则和制度在相应的产业、企业得到了积极的响应，污染物排放量降低，从而提高生态环境质量，有利于区域生态安全的稳定。实证表明，生态环境质量和区域生态安全是相辅相成的，建设生态文明、推动绿色低碳循环发展，不仅可以满足人民日益增长的优美生态环境需要，而且可以推动实现更可持续、更为安全的发展，走出一条生产发展、生态良好的区域生态安全道路。

（3）能源生态效率正向调节环境规制与生态环境质量间的关系。从静态角度来看，应建立工业企业支付污染排放费用的规制机制来提高产业的准入门槛，以此加快淘汰小企业，减少过剩产能，优化规模结构；从动态角度来看，则认为环境规制会激励工业企业进行技术创新并优化资源配置，加大对清洁能源的研发和使用力度，推动实现"创新补偿"[202]。在对环境进行规制后，企业通过生产过程的改造升级，可以有效地提高能源生态效率，从而提升生态环境质量。与此同时，能源生态效率的增强会提高能源利用率，而能源利用率的提高会直接减少污染物的排放，进而优化生态环境质量。

12.5.2　启示

区域生态安全面临的挑战迫切要求各地级市政府、非政府组织、企事业单位和个人共同关注，采取积极有效的措施和行动，构建生态环境新格局。各城市应就环境治理的共同目标达成协同规制的共识[334]。江苏省经济社会发展的区域不平衡特征明显，在维持区域生态安全的过程中应因地制宜，根据地方经济基础、产业结构、产业类型、资源禀赋等特点，提高政策的有效性，促进区域生态安全。综上，得出如下启示。

（1）环境规制有利于区域生态安全稳定，环境规制要环境与生态统筹、防范与治理兼顾、常态与非常态并重。一是江苏省各地方政府应重视环境规制的作用，贯彻落实地方环保监察制度改革，增强环保监察部门和执法部门的独立性，深入推进环保监察和执法的试点工作，并建立有效的环境污染治理监督体制。二是细化环境规制的标准和制度，按照新（改）建、分重点区域和一般区域，推进新一轮城镇污水处理厂提标改造工作，削减污水处理厂尾水处理的负荷。三是划定并严守生态安全红线，控制空间开发强度与速度，优化规制力度，防止过高的规制导致产业和污染转移，控制经济发展速度，提升社会发展水平。

（2）环境规制通过生态环境质量对区域生态安全产生影响，应坚持问题导向，有步骤地针对社会公众和专家关注的突出问题，科学规划、综合整治。一是强化对固体废物减量化、资源化、无害化的硬约束，加强固体废物和大气、水、土壤污染防治的协同，切实有效遏制环境污染，促进生态环境质量总体改善。二是健全现代环境治理模式，建立并完善地上地下的生态环境治理制度，落实企业环境治理主体责任，如江苏省生态安全缓冲区项目的建成和使用不仅能提升污水处理厂尾水水质、降低运维费用、推动污水资源化利用，还能有效促进长江、太湖、京杭运河等流域前端减污增容，保障重点河湖水生态安全。三是参考邻近地市环境规制与区域生态安全质量的匹配情况，防止形成环境政策"洼地"，成为高能耗和污染产能转出目标，完善并落实各地市协同发展的规划体系与相应的配套政策支撑体系，构建省级一体化社会服务保障体系。

（3）能源生态效率正向调节环境规制与生态环境质量的关系，应坚定走生产绿色创新发展的道路。一是为企业提供转型升级的配套条件和绿色技术创新的规制，"管"和"扶"相结合，为企业绿色创新发展留足时间和空间，提高企业绿色创新意识，发挥企业绿色创新的主动性和能动性，推动企业升级转型。二是发挥江苏省内高校优势，组织省内国家级、省部级重点实验室联合攻关，建立江苏新污染物治理人才和专家库，加大污染物治理科技研发投入，为能源生态效率的提升备足创新人力资本。三是大部分企业在绿色创新初期负担较重，亟须政府支持，从而需要在相应制度政策下促进自身能源生态效率的提高，江苏省政府应细化环境保护相关政策，有效发挥环保补贴的激励作用，提升生态技术研发水平，加大生态空间保护与修复力度，以降低区域生态安全风险，保障区域生态安全格局。

12.6　本　章　结　论

本章以 2008～2020 年江苏省地级市的数据为样本,通过双重固定效应模型检验环境规制、能源生态效率及区域生态安全的内在作用机理。本章的贡献主要表现为三点:一是在作用机制上,拓展环境规制对区域生态安全的路径研究,较好地弥合现有研究对环境规制促进区域生态安全内在机制的认识缺口。二是丰富区域生态安全主题研究,通过区域生态安全影响机理分析,将环境规制、能源生态效率及生态环境质量结合起来,为区域生态安全的影响机制提供一个可解释分析框架。三是利用文本分析方法对环境规制程度进行度量,为环境规制的量化分析提供可行的途径。本章的主要结论如下。

(1)环境规制有利于区域生态安全的稳定。在现阶段,一定强度的环境规制可以促进区域生态安全指数的提升,因此需要继续探索不同方式、不同强度的环境规制,尤其是加快经济调控型环境规制工具的研究,如提高环境立法和执法力度、稳步推进环境税改革、完善排污权交易机制等,从而实现企业生产率与污染控制的"双赢",促进江苏省各地级市协调可持续发展。

(2)环境规制通过生态环境质量对区域生态安全产生影响。只有做好顶层设计才能破除环境治理中的辖区局限性,纠正地方政府偶发的短视现象,根据各地级市的特点,改革"一刀切"的环境规制政策,因地制宜实施有弹性的环境规制管理体系,为各地区环境治理制定更具针对性的考核目标,促使各地方政府(尤其是相邻地方政府)就环境治理的目标达成协同规制的共识,避免一味地对污染产业做"减法"。

(3)能源生态效率正向调节环境规制与生态环境质量之间的关系。本章的研究对"复合生态理论"起到了一定的理论支撑和解释作用,环境规制与能源生态效率相结合,推动以技术创新为核心的深层次去污模式,进而对生态环境质量产生正向影响。故上级政府需要加强对地方政府的环境约束和环境监管,改变长期以来经济发展至上的激励政策,通过发展战略性新兴产业等途径推动江苏省产业结构调整和产业转型升级。

参 考 文 献

[1] 郝春旭, 邵超峰, 董战峰, 等. 2020 年全球环境绩效指数报告分析[J]. 环境保护, 2020, 48(16): 68-72.

[2] The World Bank, State Environmental Protection Administration, P. R. China. Cost of Pollution in China: Economic Estimates of Physical Damage[R]. Washington D C: World Bank, 2007.

[3] 李虹, 邹庆. 环境规制、资源禀赋与城市产业转型研究——基于资源型城市与非资源型城市的对比分析[J]. 经济研究, 2018, 53(11): 182-198.

[4] 周晓光, 汤心萌. 时空一致视角下异质性环境规制与绿色经济效率[J]. 系统工程理论与实践, 2022, 42(8): 2114-2128.

[5] Grossman G M, Krueger A B. Economic growth and the environment[J]. The Quarterly Journal of Economics, 1995, 110(2): 353-377.

[6] Tu Y, Peng B H, Wei G, et al. Regional environmental regulation efficiency: Spatiotemporal characteristics and influencing factors[J]. Environmental Science and Pollution Research, 2019, 26(36): 37152-37161.

[7] 王泽宇, 程帆. 中国海洋环境规制效率时空分异及影响因素[J]. 地理研究, 2021, 40(10): 2885-2896.

[8] Managi S, Kaneko S. Environmental productivity in China[J]. Economics Bulletin, 2004, 17(2): 1-10.

[9] Sheng J C, Zhou W H, Zhu B Z. The coordination of stakeholder interests in environmental regulation: Lessons from China's environmental regulation policies from the perspective of the evolutionary game theory[J]. Journal of Cleaner Production, 2020, 249: 119385.

[10] 董会忠, 韩沉刚. 长江经济带城市群环境规制效率时空演变及影响因素[J]. 长江流域资源与环境, 2021, 30(9): 2049-2060.

[11] 徐成龙, 任建兰, 程钰. 山东省环境规制效率时空格局演变及影响因素[J]. 经济地理, 2014, 34(12): 35-40.

[12] 蒋雪梅, 周恩波. 财政分权、环境规制与技术创新[J]. 管理现代化, 2022, 42(5): 1-9.

[13] van den Bergh J C J M. Environmental regulation of households: An empirical review of economic and psychological factors[J]. Ecological Economics, 2008, 66(4): 559-574.

[14] Liao Z J. Environmental policy instruments, environmental innovation and the reputation of enterprises[J]. Journal of Cleaner Production, 2018, 171: 1111-1117.

[15] Wang H, Di W H. The Determinants of Government Environmental Performance: An Empirical Analysis of Chinese Townships[J]. Washington DC: World Bank, 2002.

[16] 郭莉, 南开辉, 王静怡, 等. 基于 SBM-GML 的电力行业环境效率区域差异分析[J]. 生态经济, 2020, 36(4): 44-49.

[17] 姜雯昱. 电力行业区域环境效率时空差异及其影响因素研究[J]. 统计与决策, 2018, 34(21): 135-138.

[18] 张子龙, 薛冰, 陈兴鹏, 等. 中国工业环境效率及其空间差异的收敛性[J]. 中国人口·资源与环境, 2015, 25(2): 30-38.

[19] Krugman P R. On the relationship between trade theory and location theory[J]. Review of International Economics, 1993, 1(2): 110-122.

[20] Zhao L, Zhang L, Sun J X, et al. Can public participation constraints promote green technological innovation of Chinese enterprises? The moderating role of government environmental regulatory enforcement[J]. Technological Forecasting and Social Change, 2022, 174: 121198.

[21] Chen Y X, Zhang J, Tadikamalla P R, et al. The relationship among government, enterprise, and public in environmental governance from the perspective of multi-player evolutionary game[J]. International Journal of Environmental Research and Public Health, 2019, 16(18): 3351.

[22] 胡逸群, 赵莉, 杨昌龙. 公众投诉、环境规制对工业技术创新的影响研究[J]. 中国环境管理, 2022, 14(3): 105-111, 196.

[23] 张士云, 江惠, 佟大建, 等. 环境规制、地区间策略互动对生猪生产发展的影响——基于空间计量模型的实证[J]. 中国人口·资源与环境, 2021, 31(6): 167-176.

[24] 赵川, 郭奇栋, 左敏, 等. 双碳视角下代工行业减排策略的多情境三方演化博弈: 属地政府 VS. 外企品牌商[J]. 中国管理科学, 2022(9): 1-13.

[25] Sun T, Feng Q. Evolutionary game of environmental investment under national environmental regulation in China[J]. Environmental Science and Pollution Research, 2021, 28(38): 53432-53443.

[26] Liu X M, Lin K K, Wang L. Stochastic evolutionary game analysis of e-waste recycling in environmental regulation from the perspective of dual governance system[J]. Journal of Cleaner Production, 2021, 319: 128685.

[27] Duan W, Li C Q, Zhang P, et al. Game modeling and policy research on the system dynamics-based tripartite evolution for government environmental regulation[J]. Cluster Computing, 2016, 19(4): 2061-2074.

[28] 宋民雪, 刘德海, 尹伟巍. 经济新常态、污染防治与政府规制: 环境突发事件演化博弈模型[J]. 系统工程理论与实践, 2021, 41(6): 1454-1464.

[29] Li M Y, Gao X. Implementation of enterprises' green technology innovation under market-based environmental regulation: An evolutionary game approach[J]. Journal of

Environmental Management, 2022, 308: 114570.

[30] 叶莉, 房颖. 政府环境规制、企业环境治理与银行利率定价——基于演化博弈的理论分析与实证检验[J]. 工业技术经济, 2020, 39(11): 99-108.

[31] Xia Y F, Liu P S, Huang G H. Bank deregulation, environmental regulation and pollution reduction: Evidence from Chinese firms[J]. Economic Research-Ekonomska Istraživanja, 2021, 34(1): 2162-2193.

[32] 刘朝, 赵志华. 第三方监管能否提高中国环境规制效率?——基于政企合谋视角[J]. 经济管理, 2017, 39(7): 34-44.

[33] 潘峰, 刘月, 王琳. 四方主体参与下的环境规制演化博弈分析[J]. 运筹与管理, 2022, 31(3): 63-71.

[34] 杨志. 公众参与交互型跨界污染治理补偿的四方博弈[J]. 中国管理科学, 2022: 1-14.

[35] Gollop F M, Roberts M J. Environmental regulations and productivity growth: The case of fossil-fueled electric power generation[J]. Journal of Political Economy, 1983, 91(4): 654-674.

[36] 颉茂华, 果婕欣, 王瑾. 环境规制、技术创新与企业转型——以沪深上市重污染行业企业为例[J]. 研究与发展管理, 2016, 28(1): 84-94.

[37] Coria J, Jaraite-Kažukauske J. Carbon pricing: Transaction costs of emissions trading vs. carbon taxes[J]. Gothenburg: The University of Gothenburg, 2015, 609: 1-33.

[38] 葛静芳, 司伟, 孟婷. 环境规制对企业利润率的影响机理研究——基于广西壮族自治区糖厂的微观数据[J]. 管理评论, 2021, 33(8): 66-77, 138.

[39] Porter M E, van der Linde C. Toward a new conception of the environment-competitiveness relationship[J]. Journal of Economic Perspectives, 1995, 9(4): 97-118.

[40] 谢乔昕. 环境规制、绿色金融发展与企业技术创新[J]. 科研管理, 2021, 42(6): 65-72.

[41] Song Y, Yang T T, Zhang M. Research on the impact of environmental regulation on enterprise technology innovation—An empirical analysis based on Chinese provincial panel data[J]. Environmental Science and Pollution Research, 2019, 26(21): 21835-21848.

[42] 马鹤丹, 张琬月. 环境规制组态与海洋企业技术创新——基于 30 家海工装备制造企业的模糊集定性比较分析[J]. 中国软科学, 2022(3): 124-132.

[43] 张国兴, 冯祎琛, 王爱玲. 不同类型环境规制对工业企业技术创新的异质性作用研究[J]. 管理评论, 2021, 33(1): 92-102.

[44] Wu R X, Lin B Q. Environmental regulation and its influence on energy-environmental performance: Evidence on the Porter Hypothesis from China's iron and steel industry[J]. Resources, Conservation and Recycling, 2022, 176: 105954.

[45] Ouyang X L, Li Q, Du K R. How does environmental regulation promote technological innovations in the industrial sector? Evidence from Chinese provincial panel data[J]. Energy Policy, 2020, 139: 111310.

[46] 冯宗宪, 贾楠亭. 环境规制与异质性企业技术创新——基于工业行业上市公司的研

究[J]. 经济与管理研究, 2021, 42(3): 20-34.

[47] 毛建辉, 苏冬蔚. 环境规制与区域技术创新: 促进还是抑制?——基于政府行为视角的分析[J]. 暨南学报(哲学社会科学版), 2019, 41(5): 1-16.

[48] 杨仁发, 郑媛媛. 环境规制、技术创新与制造业高质量发展[J]. 统计与信息论坛, 2020, 35(8): 73-81.

[49] Patterson M G. What is energy efficiency? Concepts, indicators and methodological issues[J]. Energy Policy, 1996, 24(5): 377-390.

[50] Ingrao C, Messineo A, Beltramo R, et al. How can life cycle thinking support sustainability of buildings? Investigating life cycle assessment applications for energy efficiency and environmental performance[J]. Journal of Cleaner Production, 2018, 201: 556-569.

[51] Cheng Y, Lv K J, Wang J, et al. Energy efficiency, carbon dioxide emission efficiency, and related abatement costs in regional China: A synthesis of input-output analysis and DEA[J]. Energy Efficiency, 2019, 12(4): 863-877.

[52] 易其国, 陈慧婷, 胡剑波. 我国产业部门全要素隐含能源效率分析[J]. 统计与决策, 2022, 38(19): 111-115.

[53] Zhang Y, Zheng H M, Yang Z F, et al. Multi-regional input-output model and ecological network analysis for regional embodied energy accounting in China[J]. Energy Policy, 2015, 86: 651-663.

[54] Zhang Y, Jin W, Xu M. Total factor efficiency and convergence analysis of renewable energy in Latin American countries[J]. Renewable Energy, 2021, 170: 785-795.

[55] Dong F, Li Y F, Gao Y J, et al. Energy transition and carbon neutrality: Exploring the non-linear impact of renewable energy development on carbon emission efficiency in developed countries[J]. Resources, Conservation and Recycling, 2022, 177: 106002.

[56] 孟凡生, 邹韵. 基于 PP-SFA 的能源生态效率动态评价——以我国 30 个省市自治区为例[J]. 系统工程, 2018, 36(5): 47-56.

[57] 闫明喆, 李宏舟, 田飞虎. 中国的节能政策有效吗?——基于 SFA-Bayes 分析框架的生态全要素能源效率测定[J]. 经济与管理研究, 2018, 39(3): 89-101.

[58] 王腾, 严良, 易明. 中国能源生态效率评价研究[J]. 宏观经济研究, 2017(7): 149-157.

[59] Wang N, Shen R F, Wen Z L, et al. Life cycle energy efficiency evaluation for coal development and utilization[J]. Energy, 2019, 179: 1-11.

[60] Lin B Q, Wang X L. Exploring energy efficiency in China's iron and steel industry: A stochastic frontier approach[J]. Energy Policy, 2014, 72: 87-96.

[61] 王锋, 高长海. 中国产业部门隐含能源的测度、分解与跨境转移——基于 CRIO 模型的研究[J]. 经济问题探索, 2020(9): 1-11.

[62] 胡剑波, 许帅. 中国产业部门环境效率与环境全要素生产率测度[J]. 统计与决策, 2022, 38(3): 65-70.

[63] Shao L G, Yu X, Feng C. Evaluating the eco-efficiency of China's industrial sectors: A

two-stage network data envelopment analysis[J]. Journal of Environmental Management, 2019, 247: 551-560.

[64] Zhang R L, Liu X H. Evaluating ecological efficiency of Chinese industrial enterprise[J]. Renewable Energy, 2021, 178: 679-691.

[65] 范秋芳, 王丽洋. 中国全要素能源效率及区域差异研究——基于 BCC 和 Malmquist 模型[J]. 工业技术经济, 2018, 37(12): 61-69.

[66] Guan W, Xu S T. Study of spatial patterns and spatial effects of energy eco-efficiency in China[J]. Journal of Geographical Sciences, 2016, 26(9): 1362-1376.

[67] 周敏, 王腾, 严良, 等. 财政分权、经济竞争对中国能源生态效率影响异质性研究[J]. 资源科学, 2019, 41(3): 532-545.

[68] 赵艳敏, 董会忠. 中国工业能源生态效率时空演变特征及影响因素分析[J]. 软科学, 2022, 36(6): 48-55.

[69] 陈菁泉, 刘娜, 马晓君. 中国八大综合经济区能源生态效率测度及其驱动因素[J]. 中国环境科学, 2021, 41(5): 2471-2480.

[70] 夏四友, 文琦, 赵媛, 等. 陕西省榆林市能源效率与经济发展水平时空耦合分析[J]. 地域研究与开发, 2017, 36(6): 34-38, 44.

[71] Zhang W, Pan X F, Yan Y B, et al. Convergence analysis of regional energy efficiency in China based on large-dimensional panel data model[J]. Journal of Cleaner Production, 2017, 142: 801-808.

[72] Zhu X T, Mu X Z, Hu G W. Ecological network analysis of urban energy metabolic system—A case study of Beijing[J]. Ecological Modelling, 2019, 404: 36-45.

[73] 关伟, 许淑婷, 郭岫垚. 黄河流域能源综合效率的时空演变与驱动因素[J]. 资源科学, 2020, 42(1): 150-158.

[74] Wang L S, Zhang F, Fu W, et al. Analysis of temporal and spatial differences and influencing factors of energy eco-efficiency in energy-rich area of the Yellow River Basin[J]. Physics and Chemistry of the Earth, Parts A/B/C, 2021, 121: 102976.

[75] Peng B H, Wang Y Y, Wei G. Energy eco-efficiency: Is there any spatial correlation between different regions?[J]. Energy Policy, 2020, 140: 111404.

[76] Zhao H L, Lin B Q. Assessing the energy productivity of China's textile industry under carbon emission constraints[J]. Journal of Cleaner Production, 2019, 228: 197-207.

[77] 王向前, 夏咏秋, 李慧宗, 等. 中国矿业能源生态效率差异及动态演进[J]. 技术经济, 2020, 39(9): 110-118.

[78] Aldieri L, Gatto A, Vinci C P. Evaluation of energy resilience and adaptation policies: An energy efficiency analysis[J]. Energy Policy, 2021, 157: 112505.

[79] Li K M, Fang L T, He L R. How urbanization affects China's energy efficiency: A spatial econometric analysis[J]. Journal of Cleaner Production, 2018, 200: 1130-1141.

[80] Qi S Z, Peng H R, Zhang X L, et al. Is energy efficiency of Belt and Road Initiative countries catching up or falling behind? Evidence from a panel quantile regression approach[J]. Applied Energy, 2019, 253: 113581.

[81] 张瑞, 胡彦勇, 郄晓彤. 中国物流业能源生态效率与其影响因素的动态响应研究[J]. 经济问题, 2021(8): 9-17.

[82] 孟凡生, 邹韵. 中国生态能源效率时空格局演化及影响因素分析[J]. 运筹与管理, 2019, 28(7): 100-107.

[83] 董会忠, 赵艳敏. 技术创新对能源生态效率影响机制研究——以黄河中下游地区为例[J]. 山东理工大学学报(社会科学版), 2022, 38(1): 5-16.

[84] 宋马林, 陶伟良, 翁世梅. 区域产业升级、政府创新支持与能源生态效率的动态关系研究: 淮河生态经济带的实证分析[J]. 中国地质大学学报(社会科学版), 2021, 21(4): 119-132.

[85] 李根, 刘家国, 李天琦. 考虑非期望产出的制造业能源生态效率地区差异研究——基于 SBM 和 Tobit 模型的两阶段分析[J]. 中国管理科学, 2019, 27(11): 76-87.

[86] Yu C, Shi L, Wang Y T, et al. The eco-efficiency of pulp and paper industry in China: An assessment based on slacks-based measure and Malmquist-Luenberger index[J]. Journal of Cleaner Production, 2016, 127: 511-521.

[87] 李尧尧. 油气资源型企业能源生态效率测算及影响因素研究[D]. 大庆: 东北石油大学, 2021.

[88] 郭文, 孙涛. 中国工业行业生态全要素能源效率研究[J]. 管理学报, 2013, 10(11): 1690-1695.

[89] Rogers K S. Ecological security and multinational corporations[J]. Environmental Change and Security Project Report, 1997, 3: 29-36.

[90] Li B, Wu Q, Zhang W P, et al. Water resources security evaluation model based on grey relational analysis and analytic network process: A case study of Guizhou Province[J]. Journal of Water Process Engineering, 2020, 37: 101429.

[91] Lee C C, Qian A Q. Regional differences, dynamic evolution, and obstacle factors of cultivated land ecological security in China[J]. Socio-Economic Planning Sciences, 2024, 94.

[92] Bi M L, Xie G D, Yao C Y. Ecological security assessment based on the renewable ecological footprint in the Guangdong-Hong Kong-Macao Greater Bay Area, China[J]. Ecological Indicators, 2020, 116: 106432.

[93] Liu Y, Qu Y, Cang Y D, et al. Ecological security assessment for megacities in the Yangtze River basin: Applying improved emergy-ecological footprint and DEA-SBM model[J]. Ecological Indicators, 2022, 134: 108481.

[94] Mohamed N A H, Bannari A, Fadul H M, et al. Ecological zones degradation analysis in central Sudan during a half century using remote sensing and GIS[J]. Advances in Remote Sensing, 2016, 5(4): 355-371.

[95] 王梓洋, 石培基, 张学斌, 等. 基于栅格尺度的生态安全评价及生态修复——以酒泉市肃州区为例[J]. 自然资源学报, 2022, 37(10): 2736-2749.

[96] 张中浩, 聂甜甜, 高阳, 等. 长三角城市群生态安全评价与时空跃迁特征分析[J]. 地理科学, 2022, 42(11): 1923-1931.

[97] 罗海平, 李卓雅, 王佳铖. 基于 PSR 模型的中国粮食主产区农业生态安全评价及障碍因素诊断[J]. 统计与信息论坛, 2022, 37(1): 22-33.

[98] 刘艳芳, 安睿, 曲胜秋, 等. 福建省耕地生态安全评价及障碍因子分析[J]. 中国农业资源与区划, 2022, 11: 121-132.

[99] 林金煌, 陈文惠, 祁新华, 等. 闽三角城市群生态系统格局演变及其驱动机制[J]. 生态学杂志, 2018, 37(1): 203-210.

[100] 黄苍平, 尹小玲, 黄光庆, 等. 厦门市同安区生态安全格局构建[J]. 热带地理, 2018, 38(6): 874-883.

[101] 唐晓岚, 王忆梅, 周孔飞. 基于生态安全格局的山岳型风景区景观资源保护利用研究[J]. 南京林业大学学报(自然科学版), 2023, 47(2): 178-186.

[102] 王子琳, 李志刚, 方世明. 基于遗传算法和图论法的生态安全格局构建与优化——以武汉市为例[J]. 地理科学, 2022, 42(10): 1685-1694.

[103] Yang T R, Kuang W H, Liu W D, et al. Optimizing the layout of eco-spatial structure in Guanzhong urban agglomeration based on the ecological security pattern[J]. Geographical Research, 2017, 36(3): 441-452.

[104] Li Z T, Li M, Xia B C. Spatio-temporal dynamics of ecological security pattern of the Pearl River Delta urban agglomeration based on LUCC simulation[J]. Ecological Indicators, 2020, 114: 106319.

[105] 黄烈佳, 杨鹏. 长江经济带土地生态安全时空演化特征及影响因素[J]. 长江流域资源与环境, 2019, 28(8): 1780-1790.

[106] Zhao J Y, Guo H. Spatial and temporal evolution of tourism ecological security in the old revolutionary region of the Dabie Mountains from 2001 to 2020[J]. Sustainability, 2022, 14(17): 10762.

[107] Yang X P, Jia Y T, Wang Q H, et al. Space-time evolution of the ecological security of regional urban tourism: The case of Hubei Province, China[J]. Environmental Monitoring and Assessment, 2021, 193(9): 566.

[108] Wen J F, Hou K, Li H H, et al. Study on the spatial-temporal differences and evolution of ecological security in the typical area of the Loess Plateau[J]. Environmental Science and Pollution Research, 2021, 28(18): 23521-23533.

[109] 谭术魁, 邹尚君, 曾忠平, 等. 基于 RF-MLP 集成模型的耕地生态安全预警系统设计与应用[J]. 长江流域资源与环境, 2022, 31(2): 436-446.

[110] 柯小玲, 王晨曦, 郭海湘, 等. 基于系统动力学的长江经济带生态安全预警研究[J]. 长江流域资源与环境, 2021, 30(12): 2905-2914.

[111] Gladfelter S. The politics of participation in community-based early warning systems: Building resilience or precarity through local roles in disseminating disaster information?[J]. International Journal of Disaster Risk Reduction, 2018, 30: 120-131.

[112] Xie H L, He Y F, Choi Y, et al. Warning of negative effects of land-use changes on ecological security based on GIS[J]. Science of The Total Environment, 2020, 704: 135427.

[113] Lu S S, Qin F, Chen N, et al. Spatiotemporal differences in forest ecological security warning values in Beijing: Using an integrated evaluation index system and system dynamics model[J]. Ecological Indicators, 2019, 104: 549-558.

[114] 郑岚, 张志斌, 笪晓军, 等. 嘉峪关市土地生态安全动态评价及影响因素分析[J]. 干旱区地理, 2021, 44(1): 289-298.

[115] 刘志有, 蒲春玲, 闫志明, 等. 基于生态文明视角新疆绿洲土地生态安全影响因素及管控机制研究——以塔城市为例[J]. 中国农业资源与区划, 2018, 39(3): 155-160.

[116] 汤傅佳, 黄震方, 徐冬, 等. 水库型旅游地生态安全时空分异及其关键影响因子分析——以溧阳市天目湖为例[J]. 长江流域资源与环境, 2018, 27(5): 1114-1123.

[117] 张利, 陈影, 王树涛, 等. 滨海快速城市化地区土地生态安全评价与预警——以曹妃甸新区为例[J]. 应用生态学报, 2015, 26(8): 2445-2454.

[118] Kang H, Tao W D, Chang Y, et al. A feasible method for the division of ecological vulnerability and its driving forces in Southern Shaanxi[J]. Journal of Cleaner Production, 2018, 205: 619-628.

[119] Nguyen A K, Liou Y A, Li M H, et al. Zoning eco-environmental vulnerability for environmental management and protection[J]. Ecological Indicators, 2016, 69: 100-117.

[120] 施馨雨, 赵筱青, 普军伟, 等. 基于斑块尺度的云南省景观生态安全时空演变及归因[J]. 生态学报, 2021, 41(20): 8087-8098.

[121] 王立业, 师春春, 张文信, 等. 2009—2019年山东省耕地生态安全评价及障碍因子诊断[J]. 水土保持研究, 2022, 29(6): 138-145, 153.

[122] Fan Y P, Fang C L. Evolution process and obstacle factors of ecological security in Western China, a case study of Qinghai Province[J]. Ecological Indicators, 2020, 117: 106659.

[123] Ou Z R, Zhu Q K, Sun Y Y. Regional ecological security and diagnosis of obstacle factors in underdeveloped regions: A case study in Yunnan Province, China[J]. Journal of Mountain Science, 2017, 14(5): 870-884.

[124] Yu H H, Yang J M, Qiu M Y, et al. Spatiotemporal changes and obstacle factors of forest ecological security in China: A provincial-level analysis[J]. Forests, 2021, 12(11): 1526.

[125] Xiao H B, Wang M Y, Sheng S. Spatial evolution of URNCL and response of ecological security: A case study on Foshan city[J]. Geology, Ecology, and Landscapes, 2017, 1(3): 190-196.

[126] Wu X, Liu S L, Sun Y X, et al. Ecological security evaluation based on entropy matter-element model: A case study of Kunming city, southwest China[J]. Ecological Indicators, 2019, 102: 469-478.

[127] 高阳, 刘悦忻, 钱建利, 等. 基于多源数据综合观测的生态安全格局构建——以江西省万年县为例[J]. 资源科学, 2020, 42(10): 2010-2021.

[128] Jiao M Y, Hu M M, Xia B C. Spatiotemporal dynamic simulation of land-use and landscape- pattern in the Pearl River Delta, China[J]. Sustainable Cities and Society, 2019, 49: 101581.

[129] Li Z T, Yuan M J, Hu M M, et al. Evaluation of ecological security and influencing factors analysis based on robustness analysis and the BP-DEMALTE model: A case study of the Pearl River Delta urban agglomeration[J]. Ecological Indicators, 2019, 101: 595-602.

[130] 汤小雨. 环境规制强度对山西省生态效率的影响研究[D]. 太原: 山西财经大学, 2022.

[131] Stigler G J. The theory of economic regulation[J]. The Bell Journal of Economic and Management Science, 1971, 2(1): 3-21.

[132] Peltzman S. Toward a more general theory of regulation[J]. The Journal of Law and Economics, 1976, 19(2): 211-240.

[133] Becker G S. A theory of competition among pressure groups for political influence[J]. The Quarterly Journal of Economics, 1983, 98(3): 371-400.

[134] Pigou A C. The Economics of Welfare[M]. 4th ed. London: Palgrave MacMillan, 1932.

[135] Coase R H. The problem of social cost[J]. Journal of Law and Economics, 1960, 3: 1-44.

[136] Bosseboeuf D, Chateau B, Lapillonne B. Cross-country comparison on energy efficiency indicators: The on-going European effort towards a common methodology[J]. Energy Policy, 1997, 25(7-9): 673-682.

[137] APERC. A Study of Energy Efficiency Indicators for Industry in APEC Economies[R]. Tokyo: Asia Pacific Energy Research Centre, 2000.

[138] 莱斯特·R. 布朗. 建设一个持续发展的社会[M]. 祝友三, 等译. 北京: 科学技术文献出版社, 1984.

[139] 王耕, 王利, 吴伟. 区域生态安全概念及评价体系的再认识[J]. 生态学报, 2007, 27(4): 1627-1637.

[140] Bush G. National Security Strategy of the United States[M]. Washington DC: The White House, 1991.

[141] 马世骏, 王如松. 社会-经济-自然复合生态系统[J]. 生态学报, 1984, 4(1): 1-9.

[142] Wu Y M, Chen Z X, Xia P P. An extended DEA-based measurement for eco-efficiency from the viewpoint of limited preparation[J]. Journal of Cleaner Production, 2018, 195: 721-733.

[143] Dou J M, Han X. How does the industry mobility affect pollution industry transfer in China: Empirical test on pollution haven hypothesis and porter hypothesis[J]. Journal of Cleaner Production, 2019, 217: 105-115.

[144] Fredriksson P G, Svensson J. Political instability, corruption and policy formation: The case of environmental policy[J]. Journal of Public Economics, 2003, 87(7): 1383-1405.

[145] Hao Y, Deng Y X, Lu Z N, et al. Is environmental regulation effective in China? Evidence from city-level panel data[J]. Journal of Cleaner Production, 2018, 188: 966-976.

[146] 任梅, 王小敏, 刘雷, 等. 中国沿海城市群环境规制效率时空变化及影响因素分析[J]. 地理科学, 2019, 39(7): 1119-1128.

[147] Wu J, Li M J, Zhu Q Y, et al. Energy and environmental efficiency measurement of China's industrial sectors: A DEA model with non-homogeneous inputs and outputs[J]. Energy Economics, 2019, 78: 468-480.

[148] Wang H, Chen Z P, Wu X Y, et al. Can a carbon trading system promote the transformation of a low-carbon economy under the framework of the porter hypothesis? —Empirical analysis based on the PSM-DID method[J]. Energy Policy, 2019, 129: 930-938.

[149] Chen X D, Huang B H, Lin C T. Environmental awareness and environmental Kuznets curve[J]. Economic Modelling, 2019, 77: 2-11.

[150] Deerwester S, Dumais S T, Landauer T K, et al. Indexing by latent semantic analysis[J]. Journal of the American Society for Information Science, 1990, 41: 391-407.

[151] Hofmann T. Probabilistic latent semantic indexing[C]. SIGIR Forum, 1999: 50-57.

[152] Blei D M, Ng A Y, Jordan M I. Latent Dirichlet allocation[J]. The Journal of Machine Learning Research, 2003, 3: 993-1022.

[153] Jaffe A B, Newell R G, Stavins R N. A tale of two market failures: Technology and environmental policy[J]. Ecological Economics, 2005, 54(2): 164-174.

[154] Chakraborty P, Chatterjee C. Does environmental regulation indirectly induce upstream innovation? New evidence from India[J]. Research Policy, 2017, 46(5): 939-955.

[155] van der Vooren A, Alkemade F. Managing the diffusion of low emission vehicles[J]. IEEE Transactions on Engineering Management, 2012, 59(4): 728-740.

[156] Vera S, Sauma E. Does a carbon tax make sense in countries with still a high potential for energy efficiency? Comparison between the reducing-emissions effects of carbon tax and energy efficiency measures in the Chilean case[J]. Energy, 2015, 88: 478-488.

[157] Pan F, Xi B, Wang L. Environmental regulation strategy analysis of local government based on evolutionary game theory[C]//2014 International Conference on Management Science and Engineering 21th Annual Conference Proceedings, Helsinki: IEEE, 2014: 1957-1964.

[158] 王秀丽, 张哲源, 李恒凯. 基于博弈论视角的稀土矿区环境治理及监管策略研究[J]. 运筹与管理, 2022, 31(1): 46-51.

[159] Aubert A H, Medema W, Wals A E J. Towards a framework for designing and assessing game-based approaches for sustainable water governance[J]. Water, 2019, 11(4): 869.

[160] Wang M Y, Cheng Z X, Li Y M, et al. Impact of market regulation on economic and environmental performance: A game model of endogenous green technological innovation[J]. Journal of Cleaner Production, 2020, 277: 123969.

[161] Luo M, Fan R G, Zhang Y Q, et al. Environmental governance cooperative behavior among enterprises with reputation effect based on complex networks evolutionary game model[J]. International Journal of Environmental Research and Public Health, 2020, 17(5): 1535.

[162] Wang H W, Cai L R, Zeng W. Research on the evolutionary game of environmental pollution in system dynamics model[J]. Journal of Experimental and Theoretical Artificial Intelligence, 2011, 23(1): 39-50.

[163] Tanaka S. Environmental regulations on air pollution in China and their impact on infant mortality[J]. Journal of Health Economics, 2015, 42: 90-103.

[164] Jiang K, You D M, Merrill R, et al. Implementation of a multi-agent environmental regulation strategy under Chinese fiscal decentralization: An evolutionary game theoretical approach[J]. Journal of Cleaner Production, 2019, 214: 902-915.

[165] Liu Z, Qian Q S, Hu B, et al. Government regulation to promote coordinated emission reduction among enterprises in the green supply chain based on evolutionary game analysis[J]. Resources, Conservation and Recycling, 2022, 182: 106290.

[166] Wang M Y, Li Y M, Cheng Z X, et al. Evolution and equilibrium of a green technological innovation system: Simulation of a tripartite game model[J]. Journal of Cleaner Production, 2021, 278: 123944.

[167] Friedman D. Evolutionary games in economics[J]. Econometrica, 1991, 59(3): 637-666.

[168] 赵鹏. 环境规制对中国企业盈利能力的影响研究[D]. 大连: 大连理工大学, 2018.

[169] Baumol W J, Oates W E. The Theory of Environmental Policy[M]. 2nd ed. Cambridge: Cambridge University Press, 1988.

[170] Zhang L, Mol A P J, He G Z, et al. An implementation assessment of China's environmental information disclosure decree[J]. Journal of Environmental Sciences, 2010, 22(10): 1649-1656.

[171] 赵玉民, 朱方明, 贺立龙. 环境规制的界定、分类与演进研究[J]. 中国人口·资源与环境, 2009, 19(6): 85-90.

[172] Ren S G, Li X L, Yuan B L, et al. The effects of three types of environmental regulation on eco-efficiency: A cross-region analysis in China[J]. Journal of Cleaner Production, 2018, 173: 245-255.

[173] Weitzman M L. Prices vs. quantities[J]. The Review of Economic Studies, 1974, 41(4): 477-491.

[174] 郑丽霞. 环境规制、执行偏差与企业绩效[D]. 广州: 暨南大学, 2018.

[175] Wu T, Jim Wu Y C, Chen Y J, et al. Aligning supply chain strategy with corporate environmental strategy: A contingency approach[J]. International Journal of

Production Economics, 2014, 147: 220-229.

[176] Kroes J, Subramanian R, Subramanyam R. Operational compliance levers, environmental performance, and firm performance under cap and trade regulation[J]. Manufacturing and Service Operations Management, 2012, 14(2): 186-201.

[177] López-Gamero M D, Molina-Azorín J F, Claver-Cortés E. The potential of environmental regulation to change managerial perception, environmental management, competitiveness and financial performance[J]. Journal of Cleaner Production, 2010, 18(10): 963-974.

[178] Graafland J, Smid H. Reconsidering the relevance of social license pressure and government regulation for environmental performance of European SMEs[J]. Journal of Cleaner Production, 2017, 141: 967-977.

[179] Horbach J. Determinants of environmental innovation—New evidence from German panel data sources[J]. Research Policy, 2008, 37(1): 163-173.

[180] Wang Y, Shen N. Environmental regulation and environmental productivity: The case of China[J]. Renewable and Sustainable Energy Reviews, 2016, 62: 758-766.

[181] Tan L, Wu X H, Guo J, et al. Assessing the impacts of COVID-19 on the industrial sectors and economy of China[J]. Risk Analysis: An Offical Publication of the Society for Risk Analysis, 2022, 42(1): 21-39.

[182] 卜濛濛. 高管团队环境注意力对企业环境战略的影响[D]. 兰州: 兰州大学, 2018.

[183] Hahn R W. Market Power and Transferable Property Rights[M]//The Theory and Practice of Command and Control in Environmental Policy. 2003: 753-765.

[184] 彭海珍, 任荣明. 环境政策工具与企业竞争优势[J]. 中国工业经济, 2003(7): 75-82.

[185] Wagner M, Schaltegger S. The effect of corporate environmental strategy choice and environmental performance on competitiveness and economic performance: An empirical study of EU manufacturing[J]. European Management Journal, 2004, 22(5): 557-572.

[186] Atasu A, Subramanian R. Extended producer responsibility for E-waste: Individual or collective producer responsibility?[J]. Production and Operations Management, 2012, 21(6): 1042-1059.

[187] Karassin O, Bar-Haim A. Multilevel corporate environmental responsibility[J]. Journal of Environmental Management, 2016, 183(1): 110-120.

[188] Swanson L A, Zhang D D. Perspectives on corporate responsibility and sustainable development[J]. Management of Environmental Quality, 2012, 23(6): 630-639.

[189] 罗宇洁, 刘佳丽. 媒体关注、绿色技术创新与企业环境绩效[J]. 科技创业月刊, 2022, 35(8): 60-66.

[190] 徐贤贤. 石油企业环境绩效评价研究[D]. 北京: 北方工业大学, 2022.

[191] Wu X H, Deng H, Huang Y X, et al. Air pollution, migration costs, and urban residents' welfare: A spatial general equilibrium analysis from China[J]. Structural Change and

Economic Dynamics, 2022, 63: 396-409.

[192] Wu X H, Tian Z Q, Kuai Y, et al. Study on spatial correlation of air pollution and control effect of development plan for the city cluster in the Yangtze River Delta[J]. Socio-Economic Planning Sciences, 2022, 83: 101213.

[193] 刘一帅. 基于 DEA 模型的 G20 国家全要素能源效率比较研究[J]. 区域与全球发展, 2019, 3(4): 101-120, 157-158.

[194] 王少洪. 碳达峰目标下我国能源转型的现状、挑战与突破[J]. 价格理论与实践, 2021(8): 82-86.

[195] 李永明, 张明. 碳达峰、碳中和背景下江苏工业面临的挑战、机遇及对策研究[J]. 现代管理科学, 2021(5): 20-29.

[196] 俞力宁. 宏观经济因素对进出口贸易总额影响的研究——基于江苏省的实证分析 [J]. 现代商业, 2022(9): 36-40.

[197] 关伟, 许淑婷. 中国能源生态效率的空间格局与空间效应[J]. 地理学报, 2015, 70(6): 980-992.

[198] Khan D, Nouman M, Ullah A. Assessing the impact of technological innovation on technically derived energy efficiency: A multivariate co-integration analysis of the agricultural sector in South Asia[J]. Environment, Development and Sustainability, 2023(25): 3723-3745.

[199] Lin X Y, Tang Z P, Long H Y. Spatial and temporal research on ecological total factor energy efficiency in China: Based on "Ecology-Economy-Geography" heterogeneity framework[J]. Journal of Cleaner Production, 2022, 377: 134143.

[200] 吴澳霞. 长江经济带能源生态效率测算及影响因素分析[J]. 黑龙江工程学院学报, 2022, 36(4): 50-54.

[201] Schaltegger S, Sturm A. Ökologische rationalität: Ansatzpunkte zur ausgestaltung von ökologieorientierten managementinstrumenten[J]. Die Unternehmung, 1990, 44(4): 273-290.

[202] 油建盛, 蒋兵, 董会忠. 环境规制和工业集聚对能源生态效率的影响[J]. 统计与决策, 2022, 38(15): 82-87.

[203] Tone K. A slacks-based measure of efficiency in data envelopment analysis[J]. European Journal of Operational Research, 2001, 130(3): 498-509.

[204] Tone K. A strange case of the cost and allocative efficiencies in DEA[J]. The Journal of the Operational Research Society, 2002, 53(11): 1225-1231.

[205] 傅为一, 段宜嘉, 熊曦. 科技创新、产业集聚与新型城镇化效率[J]. 经济地理, 2022, 42(1): 90-97.

[206] 黄杰. 中国能源环境效率的空间关联网络结构及其影响因素[J]. 资源科学, 2018, 40(4): 759-772.

[207] 史亚琪, 朱晓东, 孙翔, 等. 区域经济-环境复合生态系统协调发展动态评价——以连云港为例[J]. 生态学报, 2010, 30(15): 4119-4128.

[208] 张国俊, 王运喆, 陈宇, 等. 中国城市群高质量发展的时空特征及分异机理[J]. 地

理研究, 2022, 41(8): 2109-2124.

[209] 龙如银, 刘爽, 王佳琪. 环境约束下中国省际能源效率评价——基于博弈交叉效率和 Malmquist 指数模型[J]. 中国矿业大学学报(社会科学版), 2021, 23(1): 75-90.

[210] 蔺雪芹, 边宇, 王岱. 京津冀地区工业碳排放效率时空演化特征及影响因素[J]. 经济地理, 2021, 41(6): 187-195.

[211] 陈菁泉, 连欣燕, 马晓君, 等. 中国全要素能源效率测算及其驱动因素[J]. 中国环境科学, 2022, 42(5): 2453-2463.

[212] 纪玉俊, 王芳. 产业集聚、空间溢出与城市能源效率[J]. 北京理工大学学报(社会科学版), 2021, 23(6): 13-26.

[213] Kiziltan M. Water-energy nexus of Turkey's municipalities: Evidence from spatial panel data analysis[J]. Energy, 2021, 226: 120347.

[214] 黄杰. 中国能源效率空间溢出的实证考察[J]. 统计与决策, 2019, 35(22): 113-116.

[215] 刘辉群, 彭传立. OFDI、逆向技术溢出与全要素能源效率——基于 PVAR 模型分析[J]. 生态经济, 2022, 38(4): 68-76.

[216] 刘争, 黄浩, 邓秀月. 人口规模、产业结构与能源效率——基于空间面板计量模型的实证[J]. 宏观经济研究, 2022(8): 117-130.

[217] 张文彬, 郝佳馨. 生态足迹视角下中国能源效率的空间差异性和收敛性研究[J]. 中国地质大学学报(社会科学版), 2020, 20(5): 76-90.

[218] 贾卓, 赵锦瑶, 杨永春, 等. 黄河流域兰西城市群环境规制效率的空间格局及其空间收敛性[J]. 地理科学, 2022, 42(4): 568-578.

[219] 张仁杰, 董会忠. 基于省级尺度的中国工业生态效率的时空演变及影响因素[J]. 经济地理, 2020, 40(7): 124-132, 173.

[220] 王旭, 王应明, 温槟檎. 技术异质性视角下中国工业能源环境效率时空演化及其驱动机制研究[J]. 系统科学与数学, 2020, 40(12): 2297-2319.

[221] 张明斗, 翁爱华. 长江经济带城市水资源利用效率的空间关联网络及形成机制[J]. 地理学报, 2022, 77(9): 2353-2373.

[222] 王凯, 张淑文, 甘畅, 等. 我国旅游业碳排放的空间关联性及其影响因素[J]. 环境科学研究, 2019, 32(6): 938-947.

[223] Granger C W J. Investigating causal relations by econometric models and cross-spectral methods[J]. Econometrica, 1969, 37(3): 424-438.

[224] Oliveira M, Gama J. An overview of social network analysis[J]. WIREs Data Mining and Knowledge Discovery, 2012, 2(2): 99-115.

[225] 李敬, 陈澍, 万广华, 等. 中国区域经济增长的空间关联及其解释——基于网络分析方法[J]. 经济研究, 2014, 49(11): 4-16.

[226] 刘军. 整体网分析讲义: UCINET 软件实用指南[M]. 2 版. 上海: 格致出版社, 上海人民出版社, 2014.

[227] Wolfe A W. Social network analysis: Methods and applications[J]. American Ethnologist, 1997, 24(1): 219-220.

[228] 何源明. 我国能源生产、利用中的问题与循环再利用的主要途径[J]. 对外经贸实

务, 2016(4): 28-31.

[229] 赵金楼, 李根, 苏屹, 等. 我国能源效率地区差异及收敛性分析——基于随机前沿分析和面板单位根的实证研究[J]. 中国管理科学, 2013, 21(2): 175-184.

[230] 赵鑫, 孙欣, 陶然. 去产能视角下的长江经济带能源生态效率评价及收敛性分析[J]. 太原理工大学学报(社会科学版), 2016, 34(5): 45-50.

[231] 郭文, 孙涛. 中国工业行业生态全要素能源效率及其收敛性[J]. 华东经济管理, 2015, 29(2): 74-80.

[232] 宋文飞. 我国区域能源效率及其空间收敛性分析[D]. 西安: 西北大学, 2011.

[233] 景守武, 张捷. 我国省际能源环境效率收敛性分析[J]. 山西财经大学学报, 2018, 40(1): 1-11.

[234] 路正南, 杨雪莲, 郝文丽. 我国"双三角"区域能源效率动态评价及收敛性分析[J]. 科技管理研究, 2015, 35(24): 225-231.

[235] Quah D T. Convergence empirics across economies with (some) capital mobility[J]. Journal of Economic Growth, 1996, 1(1): 95-124.

[236] Baumol W. Productivity Growth, Convergence, and Welfare: What the Long-Run Data Show[M]//Growth, Industrial Organization and Economic Generalities. Cheltenham: Edward Elgar Publishing, 2003: 3-16.

[237] Lucas R E. Why doesn't capital flow from rich to poor countries?[J]. The American Economic Review, 1990, 80(2): 92-96.

[238] 吴传清, 董旭. 环境约束下长江经济带全要素能源效率的时空分异研究——基于超效率 DEA 模型和 ML 指数法[J]. 长江流域资源与环境, 2015, 24(10): 1646-1653.

[239] Huang J H, Yu Y T, Ma C B. Energy efficiency convergence in China: Catch-up, lock-in and regulatory uniformity[J]. Environmental and Resource Economics, 2018, 70(1): 107-130.

[240] Long X L, Sun M, Cheng F X, et al. Convergence analysis of eco-efficiency of China's cement manufacturers through unit root test of panel data[J]. Energy, 2017, 134: 709-717.

[241] Zhang J S. Research on regional differences and convergence of energy efficiency in China[J]. Advanced Materials Research, 2011, 347-353: 3952-3955.

[242] 李国璋, 霍宗杰. 我国全要素能源效率及其收敛性[J]. 中国人口·资源与环境, 2010, 20(1): 11-16.

[243] Miller S M, Upadhyay M P. Total factor productivity and the convergence hypothesis[J]. Journal of Macroeconomics, 2002, 24(2): 267-286.

[244] 范凤岩, 雷涯邻. 北京市能源效率评价及其影响因素分析[J]. 科技管理研究, 2014, 34(24): 28-32.

[245] 王燕, 刘婷. 碳排放约束下我国区域物流能源效率及影响因素研究[J]. 生态经济, 2018, 34(10): 14-18, 90.

[246] 马晓君, 李煜东, 王常欣, 等. 约束条件下中国循环经济发展中的生态效率——基于优化的超效率 SBM-Malmquist-Tobit 模型[J]. 中国环境科学, 2018, 38(9):

3584-3593.

[247] 张勇军, 刘灿, 胡宗义. 我国能源消耗强度收敛性区域差异与影响因素分析[J]. 现代财经(天津财经大学学报), 2015, 35(5): 31-41.

[248] 赵淑英, 何丽霞, 孙永波. 低碳约束下我国能源供应保障的空间效应研究[J]. 资源开发与市场, 2015, 31(4): 401-405.

[249] 沈能. 能源投入、污染排放与我国能源经济效率的区域空间分布研究[J]. 财贸经济, 2010(1): 107-113.

[250] 王晓岭, 武春友. "绿色化"视角下能源生态效率的国际比较——基于"二十国集团"面板数据的实证检验[J]. 技术经济, 2015, 34(7): 70-77.

[251] 关伟, 王超男, 许淑婷. 能源生态效率评价及其与经济增长脱钩分析——以黄河流域9省区为例[J]. 资源开发与市场, 2022, 38(1): 23-30.

[252] 李拓晨, 石孖祎, 韩冬日. 新能源技术创新对中国区域全要素生态效率的影响[J]. 系统工程, 2022, 40(5): 1-17.

[253] 马晓君, 魏晓雪, 刘超, 等. 东北三省全要素能源效率测算及影响因素分析[J]. 中国环境科学, 2017, 37(2): 777-785.

[254] 王兆华, 丰超. 中国区域全要素能源效率及其影响因素分析——基于 2003~2010 年的省际面板数据[J]. 系统工程理论与实践, 2015, 35(6): 1361-1372.

[255] Feng T W, Sun L Y, Zhang Y. The relationship between energy consumption structure, economic structure and energy intensity in China[J]. Energy Policy, 2009, 37(12): 5475-5483.

[256] Xu Y H, Deng H T. Green total factor productivity in Chinese cities: Measurement and causal analysis within a new structural economics framework[J]. Journal of Innovation and Knowledge, 2022, 7(4): 100235.

[257] Greening L A, Greene D L, Difiglio C. Energy efficiency and consumption—The rebound effect—A survey[J]. Energy Policy, 2000, 28(6): 389-401.

[258] Ma X J, Li Y D, Zhang X Y, et al. Research on the ecological efficiency of the Yangtze River Delta region in China from the perspective of sustainable development of the economy-energy-environment (3E) system[J]. Environmental Science and Pollution Research, 2018, 25(29): 29192-29207.

[259] 陈真玲. 生态效率、城镇化与空间溢出——基于空间面板杜宾模型的研究[J]. 管理评论, 2016, 28(11): 66-74.

[260] 顾程亮, 李宗尧, 成祥东. 财政节能环保投入对区域生态效率影响的实证检验[J]. 统计与决策, 2016(19): 109-113.

[261] 罗能生, 王玉泽. 财政分权、环境规制与区域生态效率——基于动态空间杜宾模型的实证研究[J]. 中国人口·资源与环境, 2017, 27(4): 110-118.

[262] 唐晓灵, 曹倩. 基于"能源-经济-环境"系统的省际生态效率影响机理研究[J]. 环境污染与防治, 2020, 42(5): 644-650.

[263] Chambers R G, Fāure R, Grosskopf S. Productivity growth in APEC countries[J]. Pacific Economic Review, 1996, 1(3): 181-190.

[264] 吴传清, 董旭. 环境约束下长江经济带全要素能源效率研究[J]. 中国软科学, 2016(3): 73-83.

[265] 孙伟. 黄河流域城市能源生态效率的时空差异及其影响因素分析[J]. 安徽师范大学学报(人文社会科学版), 2020, 48(2): 149-157.

[266] 唐晓灵, 冯艳蓉, 杜莉. 产业结构调整与能源生态效率的演变特征及耦合关系——以关中平原城市群为例[J]. 技术经济, 2021, 40(4): 58-64.

[267] 黄秀路, 韩先锋, 葛鹏飞. "一带一路"国家绿色全要素生产率的时空演变及影响机制[J]. 经济管理, 2017, 39(9): 6-19.

[268] 杨仲山, 魏晓雪. "一带一路"重点地区全要素能源效率——测算、分解及影响因素分析[J]. 中国环境科学, 2018, 38(11): 4384-4392.

[269] 江洪, 李金萍, 纪成君. 省际能源效率再测度及空间溢出效应分析[J]. 统计与决策, 2020, 36(1): 123-127.

[270] 曲晨瑶, 李廉水, 程中华. 中国制造业能源效率及影响因素[J]. 科技管理研究, 2016, 36(15): 128-135.

[271] 王耕, 吴伟. 区域生态安全预警指数——以辽河流域为例[J]. 生态学报, 2008, 28(8): 3535-3542.

[272] 张琨, 林乃峰, 徐德琳, 等. 中国生态安全研究进展: 评估模型与管理措施[J]. 生态与农村环境学报, 2018, 34(12): 1057-1063.

[273] 曹秉帅, 徐德琳, 窦华山, 等. 北方寒冷干旱地区内陆湖泊生态安全评价指标体系研究——以呼伦湖为例[J]. 生态学报, 2021, 41(8): 2996-3006.

[274] Sang S, Wu T X, Wang S D, et al. Ecological safety assessment and analysis of regional spatiotemporal differences based on Earth observation satellite data in support of SDGs: The case of the Huaihe River Basin[J]. Remote Sensing, 2021, 13(19): 3942.

[275] 谭华清, 张金亭, 周希胜. 基于最小累计阻力模型的南京市生态安全格局构建[J]. 水土保持通报, 2020, 40(3): 282-288, 296.

[276] 李子君, 王硕, 马良, 等. 基于熵权物元模型的沂蒙山区土地生态安全动态变化及其影响因素研究[J]. 土壤通报, 2021, 52(2): 425-433.

[277] Steffen W, Richardson K, Rockström J, et al. Planetary boundaries: Guiding human development on a changing planet[J]. Science, 2015, 347(6223): 1259855.

[278] 左其亭, 杨振龙, 曹宏斌, 等. 基于 SMI-P 方法的黄河流域水生态安全评价与分析[J]. 河南师范大学学报(自然科学版), 2022, 50(3): 10-19.

[279] 艾克旦·依萨克, 满苏尔·沙比提, 阿曼妮萨·库尔班, 等. 阿克苏河流域绿洲生态安全评价及影响因子分析[J]. 环境科学与技术, 2020, 43(7): 217-223.

[280] 王兆峰, 陈青青. 1998 年以来长江经济带旅游生态安全时空格局演化及趋势预测[J]. 生态学报, 2021, 41(1): 320-332.

[281] 陕永杰, 魏绍康, 苗圆, 等. 基于 PSR-TOPSIS 模型的"晋陕豫黄河金三角"地区土地生态安全评价[J]. 生态经济, 2022, 38(7): 205-211.

[282] 林文豪, 温兆飞, 吴胜军, 等. 成渝地区双城经济圈生态安全格局识别及改善对策[J]. 生态学报, 2023, 43(3): 973-985.

[283] 王争磊, 刘海龙, 丁娅楠, 等. 山西省生态安全时空演变特征及影响因素[J]. 生态学报, 2022, 42(18): 7470-7483.

[284] 柯小玲, 向梦, 林芸. 基于主成分分析和灰色理论的武汉市生态安全评价研究[J]. 科技管理研究, 2018, 38(1): 79-85.

[285] 赵敏敏, 何志斌, 蔺鹏飞, 等. 基于压力-状态-响应模型的黑河中游张掖市生态安全评价[J]. 生态学报, 2021, 41(22): 9039-9049.

[286] 呙亚玲, 李巧云. 基于改进 PSR 模型的洞庭湖区生态安全评价及主要影响因素分析[J]. 农业现代化研究, 2021, 42(1): 132-141.

[287] 刘苗苗, 赵鑫涯, 毕军, 等. 基于 DPSR 模型的区域河流健康综合评价指标体系研究[J]. 环境科学学报, 2019, 39(10): 3542-3550.

[288] 李婷. 京津冀城市群生态环境可持续发展的政策评价——基于 DPSIR-TOPSIS 模型[J]. 生态经济, 2022, 38(5): 107-113.

[289] 陈春容, 仙巍, 潘莹, 等. 基于 GIS 和模糊数学的川西地区生态安全评价[J]. 水土保持通报, 2021, 41(2): 329-336.

[290] 张楠楠, 石水莲, 李博, 等. 基于"压力-状态-响应"模型的土地生态安全评价及预测——以沈阳市为例[J]. 土壤通报, 2022, 53(1): 28-35.

[291] 冯彦, 郑洁, 祝凌云, 等. 基于 PSR 模型的湖北省县域森林生态安全评价及时空演变[J]. 经济地理, 2017, 37(2): 171-178.

[292] 李鹏辉, 徐丽萍, 刘笑, 等. 基于三维生态足迹模型的天山北麓绿洲生态安全评价[J]. 干旱区研究, 2020, 37(5): 1337-1345.

[293] 齐奇. 基于 PSR 模型和层次分析—熵权法的水生态安全评价研究[J]. 水利发展研究, 2017, 17(10): 57-61.

[294] 李魁明, 朱桃花, 张达, 等. 基于均方差-TOPSIS 模型的环京津地区生态安全格局分析[J]. 数学的实践与认识, 2018, 48(19): 16-25.

[295] 周介元, 孟丽红, 吴绍雄, 等. 浙江省生态安全格局时空演变特征及其影响因素[J]. 水土保持通报, 2020, 40(6): 266-272, 287.

[296] 李细归, 吴清, 周勇. 中国省域旅游生态安全时空格局与空间效应[J]. 经济地理, 2017, 37(3): 210-217.

[297] 韩雅琴, 白中科, 张继栋, 等. "一带一路"背景下东南亚地区生态安全评价研究[J]. 生态经济, 2020, 36(6): 181-187.

[298] 李强, 王亚仓. 长江经济带环境治理组合政策效果评估[J]. 公共管理学报, 2022, 19(2): 130-141, 174.

[299] 韩凤芹, 李丹. 基于政府行为视角的中央财政草原生态保护补助奖励政策效果研究[J]. 中央财经大学学报, 2021(1): 12-20.

[300] 于小芹, 马云瑞, 余静. 基于熵权 TOPSIS 模型的山东省海岸带生态修复政策效果评价研究[J]. 海洋环境科学, 2022, 41(1): 74-79.

[301] 丁斐, 庄贵阳. 国家重点生态功能区设立是否促进了经济发展——基于双重差分法的政策效果评估[J]. 中国人口·资源与环境, 2021, 31(10): 19-28.

[302] 邵帅, 刘丽雯. 中国水污染治理的政策效果评估——来自水生态文明城市建设试

点的证据[J]. 改革, 2023(2): 75-92.

[303] 陈振明. 公共政策分析[M]. 北京: 中国人民大学出版社, 2003.

[304] 彭忠益, 高峰. 政策工具视角下中国矿产资源安全政策文本量化研究[J]. 中南大学学报(社会科学版), 2021, 27(5): 11-24.

[305] Wang X H, Xiao H Y, Chen K, et al. Why administrative leaders take pro-environmental leadership actions: Evidence from an eco-compensation programme in China[J]. Environmental Policy and Governance, 2020, 30(6): 385-398.

[306] 吕芳. 公共服务政策制定过程中的主体间互动机制——以公共文化服务政策为例[J]. 政治学研究, 2019(3): 108-120, 128.

[307] 胡税根, 结宇龙. 行政审批局模式: 何以有效, 何以无效? ——基于市场主体视角的政策效果实证[J]. 上海行政学院学报, 2022, 23(1): 16-27.

[308] 陈衍泰, 齐超, 厉婧, 等. "一带一路"倡议是否促进了中国对沿线新兴市场国家的技术转移?——基于 DID 模型的分析[J]. 管理评论, 2021, 33(2): 87-96.

[309] 蔡伟贤, 吕函枰, 沈小源, 等. 疫情冲击下财税扶持政策的有效性研究——基于政策类型与中小微企业经营状况的分析[J]. 财政研究, 2021(9): 71-84.

[310] 刘冬, 杨悦, 王纯. 环境治理支出的权责匹配研究[J]. 环境保护, 2020, 48(22): 35-39.

[311] 吴远征, 张智光. 南京生态城市建设与产业结构关联分析——基于 PCA-GRA 模型的实证分析[J]. 科技管理研究, 2020, 40(4): 107-114.

[312] 孙经国. 资源环境问题与我国生态安全[J]. 前线, 2017(6): 33-37.

[313] 习近平. 高举中国特色社会主义伟大旗帜为全面建设社会主义现代化国家而团结奋斗——在中国共产党第二十次全国代表大会上的报告(2022 年 10 月 16 日)[J]. 中国人力资源社会保障, 2022(11): 7-26.

[314] 王天琦. 书写新时代美丽江苏建设新篇章[J]. 群众, 2022(19): 8-9.

[315] 汪慧玲, 朱震. 我国生态安全影响因素的实证研究[J]. 干旱区资源与环境, 2016, 30(6): 1-5.

[316] 王振波, 梁龙武, 方创琳, 等. 京津冀特大城市群生态安全格局时空演变特征及其影响因素[J]. 生态学报, 2018, 38(12): 4132-4144.

[317] 邓慧慧, 杨露鑫. 雾霾治理、地方竞争与工业绿色转型[J]. 中国工业经济, 2019(10): 118-136.

[318] 沈钊, 屈小娥. 我国环境规制的污染减排效应研究[J]. 统计与决策, 2022, 38(20): 59-62.

[319] 彭文斌, 李昊匡. 政府行为偏好与环境规制效果——基于利益激励的治理逻辑[J]. 社会科学, 2016(5): 33-41.

[320] 李强. 正式与非正式环境规制的减排效应研究——以长江经济带为例[J]. 现代经济探讨, 2018(5): 92-99.

[321] 张鑫, 张心灵, 袁小龙. 环境规制对生态环境与经济发展协调关系影响的实证检验[J]. 统计与决策, 2022, 38(2): 77-81.

[322] 李永友, 沈坤荣. 我国污染控制政策的减排效果——基于省际工业污染数据的实

证分析[J]. 管理世界, 2008(7): 7-17.

[323] 李婷, 董玉祥. 基于 RSEI 和景观功能的珠三角地区 1986～2019 年生态安全格局演变过程及其影响因子[J]. 陕西师范大学学报(自然科学版), 2022, 50(4): 69-80.

[324] 屈小娥. 中国生态效率的区域差异及影响因素——基于时空差异视角的实证分析[J]. 长江流域资源与环境, 2018, 27(12): 2673-2683.

[325] 周凌燕, 刘静宜. 环境规制下政府科技投入对工业企业绿色发展影响[J]. 工业技术经济, 2021, 40(1): 128-133.

[326] Wang D L, Wan K D, Yang J Y. Ecological efficiency of coal cities in China: Evaluation and influence factors[J]. Natural Hazards, 2019, 95(1): 363-379.

[327] 李亚兵, 夏月, 赵振. 高管绿色认知对重污染行业企业绩效的影响: 一个有调节的中介效应模型[J]. 科技进步与对策, 2023, 40(7): 113-123.

[328] 孙慧, 扎恩哈尔·杜曼. 异质性环境规制对城市环境污染的影响——基于静态和动态空间杜宾模型的研究[J]. 华东经济管理, 2021, 35(7): 75-82.

[329] 陈诗一, 陈登科. 雾霾污染、政府治理与经济高质量发展[J]. 经济研究, 2018, 53(2): 20-34.

[330] 邢艳春, 郭雁飞, 王琳. 我国生态环境质量的动态测度[J]. 统计与决策, 2021, 37(3): 81-84.

[331] 杨悦, 赵雨, 员学锋, 等. 乡村振兴背景下陕西省生态环境质量影响因素探究[J]. 生态与农村环境学报, 2023(11): 1399-1409.

[332] 胡美娟, 李在军, 宋伟轩. 中国城市环境规制对 $PM_{2.5}$ 污染的影响效应[J]. 长江流域资源与环境, 2021, 30(9): 2166-2177.

[333] 杨万平, 赵金凯. 政府环境信息公开有助于生态环境质量改善吗?[J]. 经济管理, 2018, 40(8): 5-22.

[334] 沈坤荣, 金刚, 方娴. 环境规制引起了污染就近转移吗? [J]. 经济研究, 2017, 52(5): 44-59.

[335] 王旭霞, 雷汉云, 王珊珊. 环境规制、技术创新与绿色经济高质量发展[J]. 统计与决策, 2022, 38(15): 118-122.

[336] 韩思雨, 张路, 陈亚杰. 粮食安全与生态安全双约束下江苏省耕地休耕规模探讨[J]. 农业工程学报, 2021, 37(23): 247-255.

后　记

自 18 世纪现代工业文明的出现,科学技术的发展带来了快速的经济发展模式变革。人们不合理的生产生活方式导致环境污染不断加剧,能源资源消耗量日益增多,生态环境不断恶化,环境问题从局部事件发展到全球性问题。中国作为最大的发展中国家,在经济发展进程中,面临环境治理机制不完善、能源资源利用效率低下及生态环境恶化等问题,绿色发展与经济效益间的矛盾日益突出,从而制约了经济高质量发展。因此,如何在资源有限的情况下实现经济社会的可持续发展,成为现阶段不可忽视的关键问题。

在借鉴国外发达国家成功经验的基础上,通过国家立法、战略规划、规章制度等促进生态环境治理、能源合理使用,探索适合我国国情的可持续发展道路尤为必要。为缓解资源环境约束,我国积极推进生态文明建设,出台了一系列纲领性文件。可见,环境治理、能源环境可持续与生态安全已成为中国经济社会可持续发展关注的重点。为此,本书遵循"环境规制—能源生态效率—区域生态安全"的逻辑框架,厘清了中国环境规制实施的影响因素,揭示了政策贯彻实施过程中的多方博弈机理,鼓励企业制定适应生态文明建设需要的环境战略,协同提升环境绩效与能源绩效,探索能源生态效率的协同提升路径,洞察城市生态安全驱动机制,积极引导能源环境主管部门调整政策体系,从而为我国经济社会实现环境、能源、生态方面的协调发展、高质量发展提供决策支持。

本书在借鉴众多学者研究成果的基础上,从环境规制、能源生态效率、区域生态安全等方面对生态环境进行定性和定量研究。全书包含环境规制影响因素、环境规制主体博弈行为、环境规制绩效影响,能源生态效率测度、能源生态效率空间关联性、能源生态效率收敛性及影响机制,区域生态安全格局演化、区域生态安全政策效应及区域生态安全影响机制等内容。可见,全书主要围绕江苏省地级市的环境规制、能源生态效率与区域生态安全问题展开研究，由于数据的限制，缺乏对县域社会的生态环境进行考察，未来可进一步拓展到县级层面。但总体而言，本书较少涉及多主体联合治理。对于如何根据我国具体国情，联合政府、企业和社会公众等治理主体构建跨区域多中心生态环境治理模式是未来研究的重要方向。

本书的出版要感谢国家社会科学基金后期资助项目（21FGLB054）的资助，同时也要感谢南京信息工程大学及无锡学院的同事们的鼓励和支持。本书是集体智慧的结晶，研究生赵银银、葛娇娇、郑超予、孙晓琳、徐男杰、陈浩南、肖瑶、赵煊、盛馨等，以及本书的合作者王圆缘（武汉大学博士研究生）、黄倩倩（上海交通大学博士研究生）、屠羽（山东大学助理教授）做了大量的工作，在此一并感谢！

由于学识和能力有限，敬请各位读者批评与指正。

彭本红

2023 年 10 月 1 日